坐上火箭去旅行

给孩子的第一本
太空探索入门书

[日]小泉宏之 著

丁子承 译

人民邮电出版社
北 京

图书在版编目（CIP）数据

坐上火箭去旅行：给孩子的第一本太空探索入门书 / （日）小泉宏之著；丁子承译. -- 北京：人民邮电出版社，2024.9
ISBN 978-7-115-63257-9

Ⅰ．①坐… Ⅱ．①小… ②丁… Ⅲ．①空间探索－青少年读物 Ⅳ．①V11-49

中国国家版本馆CIP数据核字（2023）第235431号

版 权 声 明

Original Japanese title: *JINRUI GA MOTTO TOI UCHU E IKUTAMENO ROCKET NYUMON*

copyright © 2021 by Hiroyuki Koizumi
Original Japanese edition published by Impress Corporation
Simplified Chinese translation rights arranged with Impress Corporation
through The English Agency (Japan) Ltd. and Qiantaiyang Cultural Development (Beijing) Co., Ltd.

- ◆ 著　　　　[日] 小泉宏之
- 译　　　　丁子承
- 责任编辑　周　璇
- 责任印制　马振武

- 人民邮电出版社出版发行　　北京市丰台区成寿寺路 11 号
- 邮编　100164　电子邮件　315@ptpress.com.cn
- 网址　https://www.ptpress.com.cn
- 临西县阅读时光印刷有限公司印刷

- ◆ 开本：880×1230　1/32
- 印张：5　　　　　　　　2024 年 9 月第 1 版
- 字数：140 千字　　　　　2024 年 9 月河北第 1 次印刷
- 著作权合同登记号　图字：01-2022-6832 号

定价：79.80 元
读者服务热线：**(010) 53913866** 印装质量热线：**(010) 81055316**
反盗版热线：**(010) 81055315**
广告经营许可证：京东市监广登字 20170147 号

内容提要

本书主要介绍火箭入门知识，包括火箭基本构造、发射、运行原理等。全书从太阳系基本知识讲起，逐步拆解火箭构造，进而讲解火箭怎样飞向太空、在太空能做什么、人造卫星和太空飞行器原理，以及我们如何利用火箭在太空中探索月球、火星、木星等其他天体。最后，本书还探讨了太空和人类的未来，以及其中的商业价值等。书中包含很多趣味插图及高清照片，并配以可爱的卡通形象，为读者带来轻松的阅读体验。本书适合青少年及科普爱好者阅读。

序

　　2021年，太空探索进入新时代，许多新的参与者加入进来，它不再是以往那种只有国家航天部门或者大型航天企业才能涉足的领域。人们预计，今后宇宙将会向成千上万人敞开大门，太空探索将会形成巨大的经济体系。正因为身处在这样的时代中，我才产生了强烈的愿望，想要向更多的人描绘太空真正的模样，而不仅仅是梦想中的太空，吸引更多的人关注太空。喜欢太空的人很多很多，我从没见过不喜欢太空的人。

　　飞向太空不仅需要梦想，也需要各种科学技术。不过艰深的科技也会成为了解太空的"壁垒"。太空的魅力之一在于影像，而太空的影像素材又是非常丰富的。除了夜空中的繁星，还有探测器在几亿千米之外拍摄的影像、巨型运载火箭发射的影像，等等。只要有效地利用这些极富吸引力的素材，便足以让更多的人领略到航天工程、火箭工程，乃至太空探测的迷人之处。

　　2018年出版的《我们能抵达太空的哪里》集结了畠山泰英先生（也是本书的编辑）与中央公论新社的编辑藤吉亮平先生

之力，由笔者执笔创作出充满诚意的作品，也获得了许多书评和赞许。不过也有一些读者评论说，"（书中的内容）还是有些难懂"，所以我一直希望有机会回应那样的评论。于是这一次，我们组建了强大的团队，成员包括Impress的编辑杉本律美、插画师三木谦次、设计师西田美千子、Amana的泷野哲史，创作出传达太空魅力的图书。作为人类前往太空的入门书，本书包含了许多关于太空和火箭的小知识。我们用图解的方式，浅显易懂地展现出当前人类太空探索的实力，以及未来太空探索的方向。衷心期待读者们能在阅读中享受到乐趣。

小泉宏之

2021年6月

我们来领路！

火箭专家
小泉博士

想去太空的正雄

目录

出发啦！

第1章

太空是什么样的？

有人说，"人可以在太空里飘来飘去"；也有人说，"太空又黑又冷"。真是这样吗？卫星导航系统能让我们用手机了解自己所在的位置，还有耳熟能详的空间站，这些都让我们觉得太空其实就在我们身边。在本章中，我们将从火箭和人造卫星开始，在飞向太阳系外的旅程中，探索太空的真实模样。

灵机一动

能坐火箭飞上去！

太空正变得触手可及

　　曾经，日本、美国、俄罗斯等国家，需要以举国之力发射火箭前往太空，但是近年来，世界上出现了很多富有能力的初创公司，它们带来了技术和价格的竞争。太空探索正在成为新的商机。

能坐火箭飞上去！

1年发射20枚火箭的商业航天公司

　　在视频网站上，人们可以随意浏览太空主题的实时影像。火箭搭载的摄像机不仅拍下了从发射到飞抵空间站的过程，还拍下了超小型卫星投放到太空中的情况。

　　近些年来，"民营企业首次成功发射火箭""民营企业的载人飞船首次实现重复利用"等新闻层出不穷，让人切实感受到"民营企业"正在太空探索的世界里大显身手，太空探索正在展现新的潮流。以往需要以举国之力才能实现的火箭发射，正在出现新的变化。在这样的潮流中，最引人注目的企业莫过于SpaceX。它在2022年发射火箭高达61次，并且通过其中一部分火箭的重复利用削减成本，极大地提升了商业航天产业的存在感。

前往宇宙的费用降到百分之一？

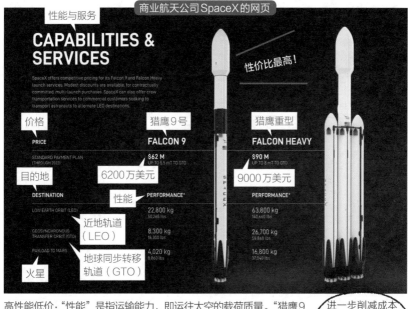

商业航天公司 SpaceX 的网页

性能与服务

CAPABILITIES & SERVICES

SpaceX offers competitive pricing for its Falcon 9 and Falcon Heavy launch services. Modest discounts are available, for contractually committed, multi-launch purchases. SpaceX can also offer crew transportation services to commercial customers seeking to transport astronauts to alternate LEO destinations.

性价比最高！

	猎鹰9号 FALCON 9	猎鹰重型 FALCON HEAVY
价格 PRICE		
STANDARD PAYMENT PLAN (THROUGH 2022)	$62 M UP TO 5.5 mT TO GTO 6200万美元	$90 M UP TO 8 mT TO GTO 9000万美元
目的地 DESTINATION		
性能	PERFORMANCE*	PERFORMANCE*
LOW EARTH ORBIT (LEO) 近地轨道（LEO）	22,800 kg 50,265 lbs	63,800 kg 140,660 lbs
GEOSYNCHRONOUS TRANSFER ORBIT (GTO) 地球同步转移轨道（GTO）	8,300 kg 18,300 lbs	26,700 kg 58,860 lbs
PAYLOAD TO MARS 火星	4,020 kg 8,860 lbs	16,800 kg 37,040 lbs

高性能低价："性能"是指运输能力，即运往太空的载荷质量。"猎鹰9号"火箭能向国际空间站所在的近地轨道运送22.8t货物。（©SpaceX）

进一步削减成本的关键是"再利用"（见本书第70页）。

　　上图是2021年商业航天公司SpaceX的网页，上面列明了火箭的价格。按照以往的常识，这些价格低得难以置信。比如美国的"猎鹰9号"火箭（上图左）的定价仅仅是6200万美元（约4.5亿元人民币）！也许你觉得这个价格很高，但你要知道，世界上的主流火箭，比如日本国产的H2A火箭，价格都在9000万美元左右（约6.5亿元人民币）。而且"猎鹰9号"火箭的运载能力几乎是H2A火箭的2倍，所以"猎鹰9号"火箭可以说非常便宜。

　　美国的"猎鹰重型"火箭（上图右）标注的价格是9000万美元（约6.5亿元人民币），但它送往太空的载荷质量是"猎鹰9号"火箭的3~4倍，而定价只是"猎鹰9号"火箭的1.5倍左右，因而"猎鹰重型"火箭在运输大量货物时非常划算。

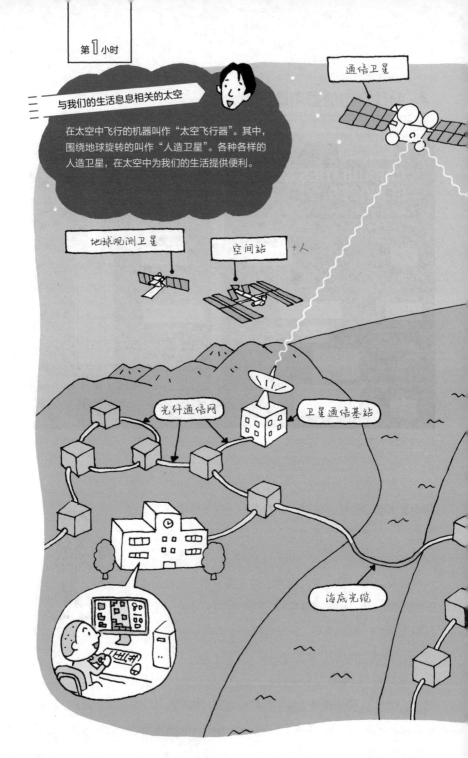

第1小时

与我们的生活息息相关的太空

在太空中飞行的机器叫作"太空飞行器"。其中，围绕地球旋转的叫作"人造卫星"。各种各样的人造卫星，在太空中为我们的生活提供便利。

通信卫星

地球观测卫星

空间站 +人

光纤通信网

卫星通信基站

海底光缆

广播卫星

气象卫星

导航卫星

卫星通信基站

手机

电视台

卫星电视

光纤通信网

移动通信基站

（出处：根据鹿儿岛县的种子岛宇宙中心的网页改编）

在太空中飞行的载人设施，其大小相当于足球场

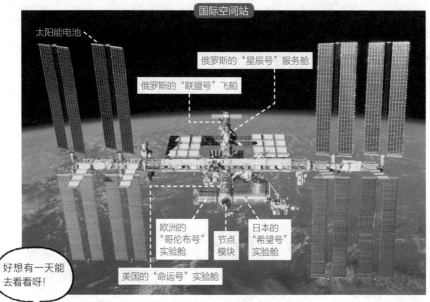

国际空间站

太阳能电池

俄罗斯的"星辰号"服务舱

俄罗斯的"联盟号"飞船

欧洲的"哥伦布号"实验舱

节点模块

日本的"希望号"实验舱

美国的"命运号"实验舱

好想有一天能去看看呀！

16个国家参与，2010年完成：全长约110m，重约420t。以7.7km/s左右的速度在近地轨道飞行，约93min绕地球一周。由太阳能电池提供电力。（©NASA）

　　部署在太空中的各种设备，通称为"航天器"，而"火箭"则是把航天器送入太空的发射设备。我们经常听说的"人造卫星"，是航天器的一种，特指围绕地球旋转的航天器。了解航天器、火箭、人造卫星的区别，对于理解本书的内容非常重要，所以请务必记住。

　　大家熟悉的国际空间站（ISS）就是航天器，我们在地面上都能看见它。航天员每天也会通过网络发布消息，吸引人们的关注。国际空间站是围绕地球旋转的载人航天器，飞行高度约为400km。这个距离，相当于东京到大阪、大阪到宇部、札幌到盛冈的距离（在中国，相当于北京市到河北邢台市的距离）。另外，地球的半径约为6400km，所以国际空间站差不多是在贴着地球表面飞行。国际空间站所在的位置，其实离我们非常近。

连接国际空间站的"太空酒店"构想

首个民营空间站"AxStation"

还有未来将国际空间站改造成酒店、拍摄电影的计划。

连接居住舱(模块):计划到2030年完成3个模块的安装,并脱离国际空间站,独立在近地轨道飞行。(©Axiom Space)

　　国际空间站已经持续飞行了20多年。多年来,航天员驻守在里面,完成各项任务。不过在未来的10年间,国际空间站可能会发生重大变化。它是由16个国家共同参与的国际项目,但现在国际空间站已经超过了当年计划的使用期限,目前只是在一次次延长它的使用寿命,谁也不知道未来会怎样。

　　与此同时,也有人希望未来能将国际空间站用于民间项目。比如美国的民营航天公司"Axiom Space",正在计划发射"酒店模块",与国际空间站对接。该公司计划先将第一个模块连接到国际空间站,在2027年安装第二个模块,在2028年安装第三个模块,并在2030年安装热能模块,使"AxStation"脱离国际空间站,成为独立飞行的商业近地轨道目的地。

人造卫星在飞行中不断下落！

人造卫星在我们的生活中发挥着多种作用，它们可以说是"太空的窗口"。人造卫星本身没有用于维持飞行的发动机，但它们能环绕地球持续飞行。实际上，人造卫星就像投出去的棒球一样，一直都在不断下落，不过它们撞不到地面，所以能够一直飞下去。

为什么不会掉到地面呢？

投出去的棒球会落地

你肯定很奇怪：人造卫星明明是在地球外面的人空中飞行，怎么会和投出去的棒球一样呢？其实，棒球也能变成人造卫星。具体要怎么做呢？让我们一起来看看吧。

首先搞清楚一个问题：投出去的棒球为什么会掉到地上？这是重力的作用，导致棒球划出一条弧线之后落在地面。其实棒球本来可以沿着弧线一直飞，但因为撞到了地面，所以不得不停下来。这就是投出去的棒球最终会掉到地上的原因。那么，要让棒球变成人造卫星，只要不让它撞到地面就行。

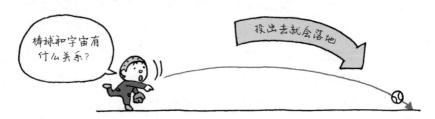

棒球和宇宙有什么关系？

投出去就会落地

棒球怎么才能持续飞行，不会落地

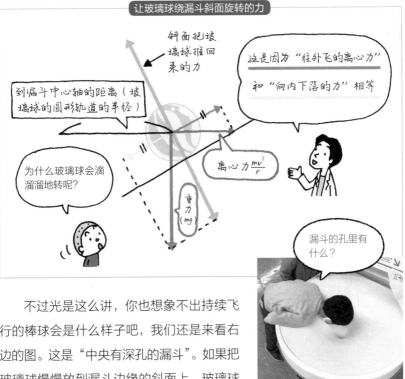

让玻璃球绕漏斗斜面旋转的力

斜面把玻璃球推回来的力

边是因为"往外飞的离心力"和"向内下落的力"相等

到漏斗中心轴的距离（玻璃球的圆形轨道的半径）

离心力 $\frac{mv^2}{r}$

为什么玻璃球会滴溜溜地转呢？

重力（mg）

不过光是这么讲，你也想象不出持续飞行的棒球会是什么样子吧，我们还是来看右边的图。这是"中央有深孔的漏斗"。如果把玻璃球慢慢放到漏斗边缘的斜面上，玻璃球就会朝中间的孔落下去。但如果快速把玻璃球扔出去，让它沿着漏斗边缘画出圆形，玻璃球就会在漏斗上旋转起来，要转好多圈之后，才会落到中间的孔里。为什么玻璃球不会立刻落下去呢？这是因为"往外飞的离心力"和"向内下落的力"相等。

漏斗的孔里有什么？

漏斗形玩具

漏斗：外形像喇叭花，正中间的细管（孔）朝四周展开，形成圆锥状。

绕漏斗旋转的人造卫星：大质量的地球产生了漏斗形的重力势能。人造卫星就在这个斜面上旋转。

人造卫星能在太空中持续飞行的两个关键点

现在明白了吧？人造卫星并不像赛车绕赛道行驶那样，必须有发动机才能飞行，而是像"玻璃球在漏斗上旋转"的情况。不过，玻璃球最后还是会掉进孔里，所以为了让人造卫星持续在太空中飞行，还有两个关键点。

○第一个关键点

第一个关键点是物体固有的性质："一切物体，只要没遇到阻碍，就会一直运动。"在日常生活中，我们会看到运动的物体最后总会停下来，那是因为有东西阻碍了它们的运动。如果没有阻碍，玻璃球和棒球都会一直运动下去。那么重力是阻碍吗？不是。重力是让运动方向发生改变的力，比如它会让棒球落到地面上，但它只会改变棒球的"飞行路线"，并不会让棒球停止运动。重力是特殊的力（保守力），不会阻碍物体运动。

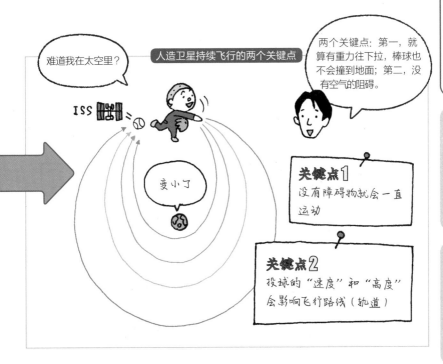

○第二个关键点

　　在"绕漏斗旋转的玻璃球"中，还可以发现一个规律：玻璃球的"飞行路线"与玻璃球的速度有关。这就是第二个关键点："出发时的速度和位置会影响飞行路线。"投出去的棒球最终总会落在地上，但投掷棒球的速度会影响棒球的飞行路线。假设第一次投掷棒球的路线是图上的蓝色线条，如果用更快的速度投掷棒球，路线就会依次变成绿色、黄色及红色的线条。如果棒球的"飞行路线"和地球一样"圆"，那么棒球就不会落到地上，而是会绕地球一圈后飞回来。这时，棒球就变成了人造卫星。这种飞行路线叫作"轨道"。只不过专业棒球选手最远也只能投出100m左右，要想让棒球围绕地球旋转，投出的速度必须非常快。

"速度"和"高度"决定轨道

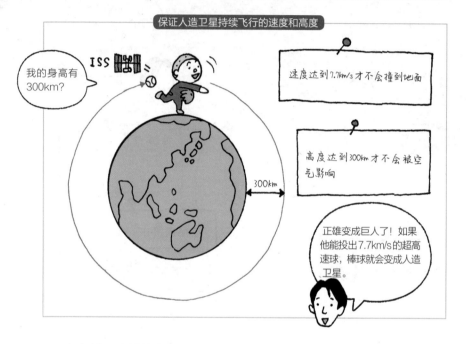

保证人造卫星持续飞行的速度和高度

我的身高有300km?

ISS

速度达到7.7km/s才不会撞到地面

高度达到300km才不会被空气影响

300km

正雄变成巨人了！如果他能投出7.7km/s的超高速球，棒球就会变成人造卫星。

根据这两个关键点可以知道，人造卫星需要的是："具有合适的速度和高度，飞出一条不会撞到障碍的轨道。"说到阻碍飞行的障碍，除了地面，还有大气（空气）。要避开这两种障碍，条件是"高度300km，速度7.7km/s"。300km高的地方几乎没有空气，不会阻碍飞行；而7.7km/s的速度可以飞出一条不会撞到地面的轨道。不过7.7km/s是非常非常快的速度，相当于只用5.5s左右跑完马拉松。

为了降低这个速度要求，我们可以利用第二个关键点中的"位置"。如果用同样的速度投球，那么投的位置越高，画出来的圆形轨道就越大。如果能在足够高的位置投球，本来会撞到地面的球（本书第18页图上的蓝色、绿色、黄色线条），也能飞出长长的圆形轨道。也就是说，在足够高的地方投球，就能降低投球速度。例如，能够避开障碍物的另一组条件是："高度

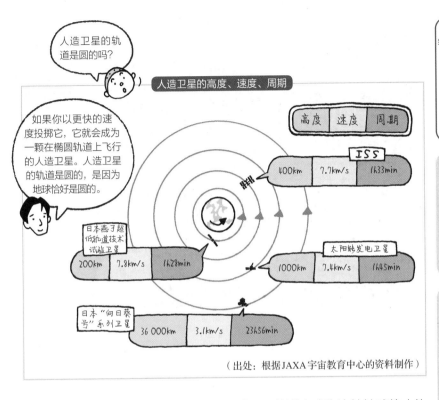

人造卫星的轨道是圆的吗？

如果你以更快的速度投掷它，它就会成为一颗在椭圆轨道上飞行的人造卫星。人造卫星的轨道是圆的，是因为地球恰好是圆的。

人造卫星的高度、速度、周期

高度	速度	周期

ISS

| 400km | 7.7km/s | 1h33min |

日本燕子超低轨道技术试验卫星

| 200km | 7.8km/s | 1h28min |

太阳能发电卫星

| 1000km | 7.4km/s | 1h45min |

日本"向日葵号"系列卫星

| 36 000km | 3.1km/s | 23h56min |

（出处：根据JAXA宇宙教育中心的资料制作）

36 000km，速度1.6km/s"（在这组条件下，轨道会成为连接地球静止轨道和近地轨道的椭圆）。

    人造卫星可以有多种轨道，比如沿着圆形飞行的"圆形轨道"，还有沿着椭圆飞行的"椭圆轨道"。这些轨道的高度，决定了人造卫星绕地球旋转一周的"周期"。国际空间站的周期约为90min，而沿着约36 000km高空的圆形轨道飞行的日本"向日葵号"系列卫星，其周期约为24h。高度越高，周期越长，速度也越慢。

国际空间站与步枪子弹的速度对比

国际空间站的飞行速度是子弹初始速度的8倍左右：M16步枪是漫画《骷髅13》的主人公杜克东乡喜欢使用的武器。

ISS

好想亲身体验宇宙的浩瀚

夏天的夜晚可以看到银河。浩瀚的宇宙中有无数星系，银河系只是其中的一个星系，太阳系则位于银河系中。而我们生活的地球，又只是太阳系中的一颗行星。宇宙真浩瀚呀！

宇宙有多大呢？

🚀 **自古至今，星星令无数人倾心**

我非常喜欢星星。因为了解宇宙，就能掌握无比重要的真理。

你为什么看星星呀？

天文学之父
伽利略·伽利雷

人们发现，在距今已有15 000年左右的法国拉斯科洞窟壁画上，古人用牛和马的图案描绘了金牛座的昴宿星团。公元前6世纪的数学家毕达哥拉斯和他的弟子们坚持日心说，认为地球在自转的同时围绕太阳公转。不过，长期以来广受支持的还是天文学家托勒密的地心说。推翻地心说的是17世纪进行天文观测的天文学家伽利略·伽利雷。他支持哥白尼的日心说，发现了木星的4颗卫星，揭开了银河的真相。伽利略的著作《星际信使》，启发物理学家艾萨克·牛顿做出伟大发现，还影响到乔治·威尔斯的科幻

上升中的阿丽亚娜 5型运载火箭

流星

银河（银河系）

城市

山

银河闪耀的夜空（泰国）：银河、流星与欧洲的阿丽亚娜5型运载火箭的共同演出。前方的山脉是泰国北部的茵他侬国家公园。（©Matipon Tangmatitham）

小说《星球大战》唤起人们对太空探索的热情。

　　进入20世纪后，太空探索又出现了重大的转机。康斯坦丁·齐奥尔科夫斯基（见本书第48页）等人打下了火箭研究的基础，许多科学家开始着手探索太空。在无数的失败和成功中，太空探测的活动变得生机勃勃。

阿丽亚娜5型运载火箭：由欧洲商业航天公司阿丽亚娜航天公司开发的欧洲最大的火箭。（©ESA）

地球在太阳系里，太阳系在银河系里

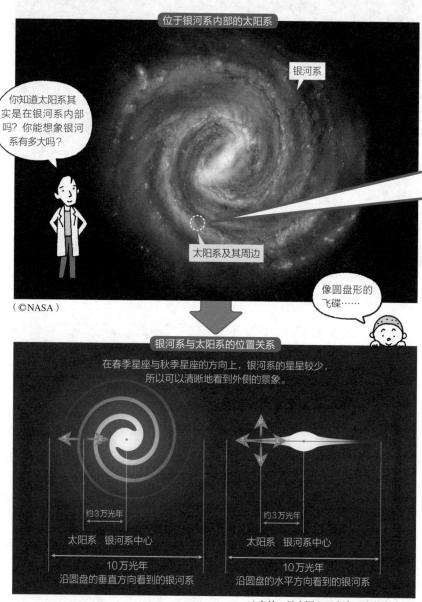

位于银河系内部的太阳系

银河系

你知道太阳系其实是在银河系内部吗？你能想象银河系有多大吗？

太阳系及其周边

（©NASA）

像圆盘形的飞碟……

银河系与太阳系的位置关系

在春季星座与秋季星座的方向上，银河系的星星较少，所以可以清晰地看到外侧的景象。

约3万光年

太阳系　银河系中心

10万光年
沿圆盘的垂直方向看到的银河系

约3万光年

太阳系　银河系中心

10万光年
沿圆盘的水平方向看到的银河系

（出处：日本国立天文台天文信息中心）

太阳系及其周边

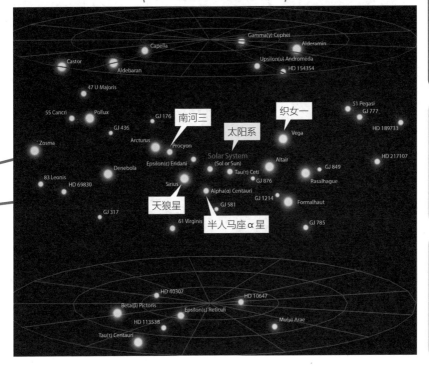

宇宙的浩瀚难以想象。银河系包括几千亿颗星星。银河系的形状像是旋涡状的巨大圆盘，直径足有10万光年。如果你和你的朋友分别位于银河系直径的两端，那么此刻你看到的他是他10万年前的样子。

银河系的中心汇聚了无数星星。而我们的地球所在的太阳系，在远离银河系中心的地方运动。我们在夜空中经常看到的星星，都在太阳系附近。夏季星座天琴座的织女一（25光年），是牛郎织女故事中的"织女"。冬季星座大犬座的-1等星天狼星（8.6光年），是整个夜空中最亮的恒星。而距离太阳系最近的恒星比邻星（4.2光年），位于半人马座α星三星系统内，是太阳系最近的"邻居"。

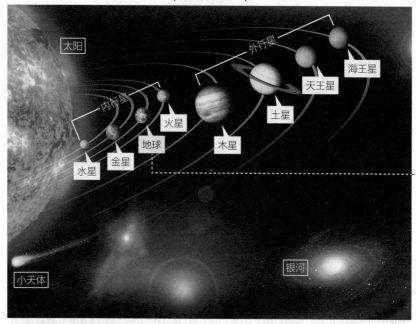

太阳系

银河系中的太阳系：由1颗恒星（太阳）与8颗行星组成。地球是其中的1颗行星，属于太阳系的8颗行星中个头较小的岩质行星。（©NASA）

 ## 太阳系和我们生活的地球

　　太阳系由太阳和围绕太阳旋转的行星等天体组成。很多人知道行星的排列顺序是"水金地火木土天海"。从内侧的水星数起，地球是排在第三位的行星。

　　以火星和木星之间为界，太阳系的行星分为内行星和外行星。距离太阳近的是内行星，距离太阳远的是外行星。为什么这么分呢？这是因为行星的类型差别很大。紧紧聚在一起的内行星都很小，而且都是像地球和火星那样具有地表的"岩质行星"。而分散排列的外行星体积很大，又分成土星和木星那种以气体为主的"气态行星"，和天王星、海王星那样具有丰富的液体

地球

美国国家航空航天局（NASA）的人造卫星"泰拉"拍摄的地球：正如苏联航天员加加林的名言，"地球是蓝色的"。这是地球观测卫星从700km高度拍摄的照片。（©NASA）

木星的直径是地球直径的11倍，它的面积是地球的100多倍，它的体积是地球的1000多倍。

和冰块的"冰巨行星"。气态行星没有明显的地表，不过一般认为气态行星深处有液态或者固态的核。

地球到太阳的距离（约1.5×10^8km）是一个天文单位，用"1AU"表示。火星到太阳的距离是1.5AU，木星到太阳的距离是5AU，土星到太阳的距离是10AU，天王星到太阳的距离是20AU，海王星到太阳的距离是30AU。行星围绕太阳旋转的速度叫作公转速度，距离太阳越远，公转速度越慢。包括地球在内的所有行星，都在围绕太阳旋转，同时又跟随太阳在银河系中运动。

整装待发的詹姆斯·韦布空间望远镜：以"观测宇宙最早诞生的星星"为目标，于2021年12月25日发射。（©NASA）

像飞船一样的望远镜！

027

太空的两大特征是
"真空"和"失重状态"

　　一旦人造卫星脱离地球，开始在太空中飞行，就会持续飞行下去，就像月球绕地球旋转那样。不过，如果什么都不做，人造卫星最终也会掉下去。这是因为太空虽然是"真空"的，但依然存在着极少的大气。另外，太空也不是完全"无重力"，而是"失重状态"。

为什么能轻飘飘浮起来？

 如果什么都不做，低轨道卫星也会掉下去

"一边下落一边飞行"的低轨道卫星：在400km高度飞行的国际空间站也是一种低轨道卫星。（©ESA）

　　如果在太阳刚刚落山时抬头看天，也许会在几分钟里看到一道迅速滑过的光，那可能就是国际空间站，或者是别的人造卫星。国际空间站的飞行高度为300～400km，属于"近地轨道"（飞行高度在2000km以下），所以国际空间站在飞行中也会遭遇空气阻力。如果放任不管，几十年后它就会掉回地球。我们当然不能让它真的掉下来，所以需要时常启动喷射发动机来调整高度。在调整国际空间站轨道的时候，也会依靠对接在国际空间站上的补给飞船,用补给飞船的发动机来调整。另外,有时候为了躲避太空垃圾的撞击,也会启动发动机。

　　距离我们较近的人造卫星,除了空间站,还有地球观测卫星、GPS卫星、通信卫星等。"向日葵号"系列卫星也是其中之一(见本书第81页)。地球观测卫星能在发生自然灾害时拍摄图像,它的飞行轨道比国际空间站稍高,在600km处纵向飞行。GPS卫星是在约20 000km高处飞行的一组卫星,共有24颗。除此之外,还有在更高的太空中飞行的卫星。那里的高度约为36 000km,叫作"地球静止轨道(GEO)",比近地轨道高得多。不管是20 000km高度,还是地球静止轨道,都几乎没有大气,所以在这里飞行的人造卫星,即使经过几万年也不会掉回地球。

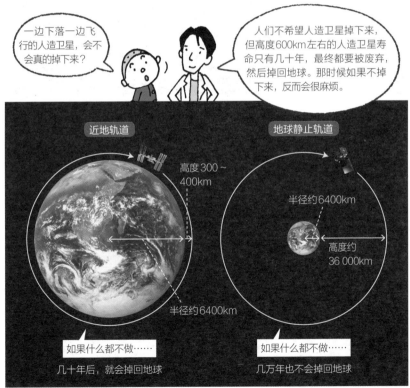

（©NASA，©日本气象厅）

🚀 "真空"是太空的两大特征之一,但什么是"真空"?

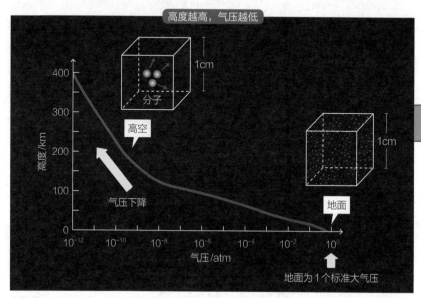

高度与气压的关系:以地面的1个标准大气压为基准,上图显示出越往左高度越高、气压越低的趋势(atm表示标准大气压,1atm=1.01×10⁵Pa)。立方体中展示了不同高度的大气中,分子数量的差异。

太空中真的什么都没有吗?实际上,按照现代物理学的理论,我们无法创造出什么东西都没有的状态。真空在物理学上的定义是"气压远远低于大气压的空间状态",也就是说,它和"减压状态"是同一个意思。

○越靠近上空,大气越稀薄

让我们看图来认识大气能够稀薄到什么程度。大气浓度可以用气压来表示。地面上是1个标准大气压。高度100km处相当于大气层与太空的边界线,这里的红色线条位于10⁻⁶atm附近。这个值相当于地面气压的一百万分之一。它已经是非常小的数值了,但还会继续减小。在国际空间站飞行的400km高度上,红色线条位于10⁻¹²atm处。这里的气压相当于地面气压

大气稀薄的太空环境：不管是不是在太空里，所有物体都遵循"惯性定律"，也就是运动的物体会一直运动，静止的物体会一直静止。

的1万亿分之一。高度继续上升，到了火星和木星飞行的空间，地球的大气就完全消失了，但太空中还有太阳释放出的物质。图上没有画那个高度的压力，其实它比地面气压的1万亿分之一的1000万分之一还小。但不管多小，终究那个高度的空间中还是存在极少量的物质。

○气体分子数量减少

空气的稀薄程度，也可以用气体分子数量来测量。在地面上，$1cm^3$的空气中有巨量的分子，其个数相当于1万亿的1000万倍（见本书第30页图）。在400km高度，气压只有地面气压的1万亿分之一，分子数量也减少到1000万个。但即使是这种几乎"没有"气压的状态，手指尖大的空间里也有1000万个分子。而在比月球更远的遥远太阳系空间里，分子数量减少到$1cm^3$中只有几个，但也不是0个分子。

🚀 宇宙不是"无重力"，而是"失重状态"

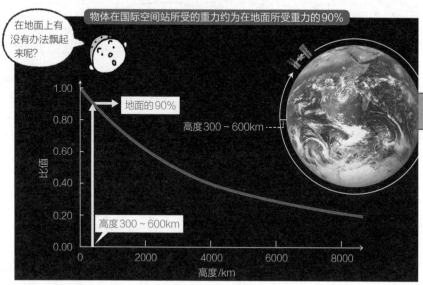

在地面上有没有办法飘起来呢？

物体在国际空间站所受的重力约为在地面所受重力的90%

地面的90%

高度300～600km

高度300～600km

比值

高度/km

高度与气压的关系：黄色箭头标记的地方，相当于在400km高度飞行的国际空间站。与红色线条交会处所受的重力是在地面所受重力的90%。

国际空间站的航天员

在失重状态下飘浮。（©NASA）

太空另一个和"真空"并列的重要特征是"失重状态"。大家肯定对国际空间站中航天员飘浮在空中的形象非常熟悉。无重力的意思是没有重力，但实际上作用在国际空间站航天员身上的重力并不是0。和位于地球上比起来，国际空间站里的航天员所受的重力大约是地面的90%。

在上图中，横坐标表示物体所在的高度，从地面的"0"到8000km。纵坐标是物体在所在高度受到的重力与物体在地面受到的重力的比值，红色线条从地面的"1"开始，物体所在的高度越高，其受到的重力越小。距

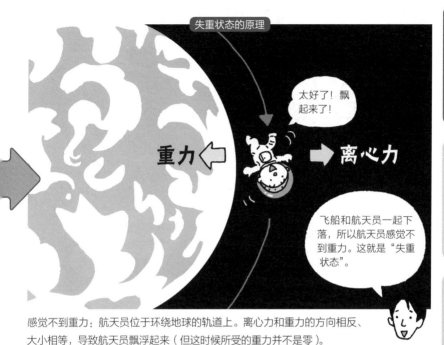

失重状态的原理

太好了！飘起来了！

重力 ⇐ ⇒ 离心力

飞船和航天员一起下落，所以航天员感觉不到重力。这就是"失重状态"。

感觉不到重力：航天员位于环绕地球的轨道上。离心力和重力的方向相反、大小相等，导致航天员飘浮起来（但这时候所受的重力并不是零）。

离地球越远，受到的地球重力就越弱。那么国际空间站在400km高度，其受到的重力有多大呢？看黄色箭头就会发现，这里只比在地面受到的重力"1"小10%。也就是说，飘浮在国际空间站中的航天员，受到的重力相当于我们在地面上所受重力的90%。

○离心力和重力相互抵消的位置

　　那么国际空间站中的航天员为什么会飘浮起来呢？其实更准确的问法是，为什么航天员没有感觉到重力？这是因为，就像我们曾经用玻璃球解释过的现象那样（见本书第17页），在航天员所在的位置，离心力和重力刚好抵消。国际空间站以1h33min绕地球一圈的速度在轨道上飞行（见本书第21页），它绕圈飞行的速度非常快，达到8km/s，所以把国际空间站推向轨道外侧的离心力和拉向轨道内侧的重力同时发挥作用，给人的感觉就像没有重力一样。这就是失重状态。

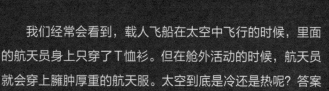

太空是冷还是热?

我们经常会看到,载人飞船在太空中飞行的时候,里面的航天员身上只穿了 T 恤衫。但在舱外活动的时候,航天员就会穿上臃肿厚重的航天服。太空到底是冷还是热呢? 答案其实是"不确定"。

有没有毛衣呀?

花大力气防护太空的"真空""宇宙线"和"热"

国际空间站内的航天员:国际空间站内部的室温保持在 18~26℃,相对湿度 25%~75%,可以穿短袖。图中两位是世界上首次成功完成舱外活动的女性航天员,对于来自全世界的称赞,她们回答说"只是完成了工作"。(©NASA)

和地面上的常识不一样,在宇宙环境中,航天员需要防护"真空""热"和"宇宙线"。而防护它们的设备,就是载人飞船和航天服。

航天服又被称作"迷你飞船",让我们来仔细看看它。航天员的第一个大敌是真空。如果人处在真空环境,体内各处就会膨胀起来,也没有氧气可以呼吸,当然活不了多久。所以航天服中会保持 0.3 个标准大气压的纯氧,也会去除航天员呼出的二氧化碳。国际空间站等飞船内部大约是 1 个标准大气压。另

太空对航天员的影响

宇宙线　太阳光

真空

进入太空时如果没穿航天服，你知道会发生什么吗？

航天服是保护身体的"迷你飞船"：上图是进行舱外活动的国际空间站航天员。航天服中具有呼吸环境，也有调节体温、防护射线等功能，还考虑了行动的需求。

第1章 太空是什么样的？

第2章 怎样去太空？

第3章 在太空做什么？

第4章 我们能在太空中飞多远？

第5章 太空和人类的未来

外，太阳光会严重影响航天服表面的温度（见本书第38页），所以航天服用的材料很难传导热量，能防止航天服表面温度传导到航天员身上。

其实不要说航天员，即使对无人探测器来说，太空也是非常严酷的环境。在真空中，即使没有受热，物质之间也会发生熔接现象，柔软的密封圈也会在宇宙线的照射下变硬。另外，往往很久都不可能得到维护，所以通常不算什么大问题的泄漏，长时间也会变成致命的问题。所以，探测器的可动部分特别关键，尤其是阀门。我们需要依靠科学的智慧和精心的试验，尽可能预防事故发生。而对于那些最终还是发生了的事故，也要从中吸取教训，供以后的行动参考。

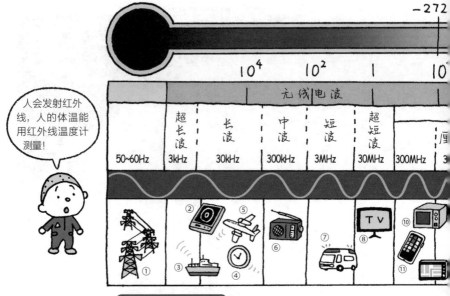

电磁波频谱与物体温度

宇宙中存在所有波长的电磁波：宇宙中会有各种波长的电磁波来到地球。不过，对人体有害的紫外线、X射线、γ射线，被地球上的大气吸收、遮挡了。（出处：基于鹿儿岛宇宙技术中心网站的图片制作）

🚀 在太空中，热量通过"热辐射"传递

"太空很冷"吗？其实不管是冷是热，实际上是在描述接收热量还是失去热量。也就是说，是冷是热，由热的传递量来决定。我们可以进入100℃的桑拿房，但不能进入100℃的热水，这是因为空气远比热水稀薄，不太能传递热量。而真空的太空里（几乎）什么都没有，所以不管温度是高是低，热量都不会通过接触传递。在太空这样的真空环境里，热量只能通过"热辐射"现象传递。不管有没有空气，都会发生热辐射现象。红外线加热器就是利用了这种现象，所以在地球上使用的时候，不需要通过空气，就能加热人体和物品。飞船和航天服都是利用热辐射现象调节温度的。而要理解热辐射，首先必须理解"电磁波"。

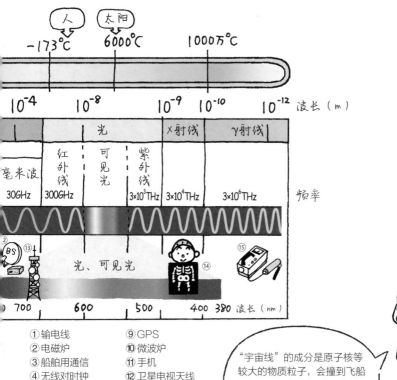

① 输电线
② 电磁炉
③ 船舶用通信
④ 无线对时钟
⑤ 飞机用通信
⑥ 调幅收音机
⑦ 消防用无线电
⑧ 电视机
⑨ GPS
⑩ 微波炉
⑪ 手机
⑫ 卫星电视天线
⑬ 雷达
⑭ X射线照相
⑮ 医疗、材料检查

"宇宙线"的成分是原子核等较大的物质粒子，会撞到飞船和航天服。但由于能量很高，它在撞击时会释放出质子射线和α射线，照射到人体。

○ 身边的电磁波

　　电磁波这个词听起来很难懂，其实简单地说就是"光和光的伙伴们"。除了可见光，无线电波、红外线、紫外线、X射线、γ射线等，全是不同波长的电磁波。我们的眼睛能看到波长在特定范围内的电磁波，也就是可见光。电磁波有各种波长，比如手机等通信电波的波长大约是10cm，夏天惹人厌的紫外线波长只有1mm的1/3000。我们说的"热辐射"，指的是一切物体随时都在发射"电磁波"。此时此刻，你也正在发射波长约为10^{-2}mm的电磁波呢。物体产生的电磁波的波长和数量决定了物体的温度。

太空的温度由太阳光和热辐射的平衡决定

前面已经谈过，太空的温度和热辐射现象之间具有非常大的关系。接下来我们看看国际空间站的舱外活动，大家就会明白航天员穿航天服的原因。

与太阳温度相应的电磁波通过热辐射现象释放出来，以"太阳光"的形式照射到航天员的航天服表面。如果是直接照射，太阳光会很强，但如果躲在地球的影子里，太阳光就会很弱。这相当于夏天里直接晒太阳和躲在树荫下面的区别。

我们来看看航天员感受的热辐射。我们看下页图上的航天员，太阳光照在他身上，导致航天服的表面温度上升，而温度升高就会导致热辐射量增加，直到最后释放出的热辐射量和太阳光相同时，温度才会停止升高。

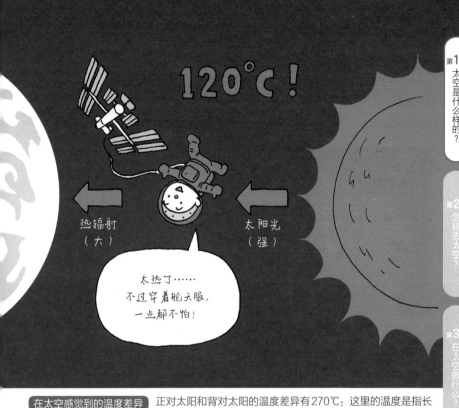

在太空感觉到的温度差异 正对太阳和背对太阳的温度差异有270℃；这里的温度是指长期停留在一个地点时的温度，不是太空空间的温度。（出处：基于日本太空少年团《探索航天服的秘密》制作）

　　我们再看上页图上左侧的航天员，照射到他身上的太阳光很少，所以航天服的表面温度很低。但我们也要记住，这种情况不是太空中的温度变化，而只是航天服的表面温度在变化。发生变化的不是"太空的温度"，而是"航天服的表面温度"。分清这一点很重要。

　　图上还写着"120℃"和"零下150℃"。那不是瞬间温度，而是"到达热平衡状态的温度"。例如，夏天我们想做冰块的时候，会把水放进冰箱，但水并不会马上冻成冰，需要过一段时间才行。在太空中，如果航天员一直待在原地不动，接受太阳光的照射，航天服的表面温度才会达到"120℃"；如果一直在阴影里，航天服的表面温度会变成"−150℃"。事实上，国际空间站只需要90min就会绕地球转一圈，绝不是一直待在原地不动，所以大家不用担心。

"航天之父"们
——齐奥尔科夫斯基与戈达德

晚年的齐奥尔科夫斯基，拍摄于1934年。
（©Михаил Николаевич Лавров）

本书中提到的齐奥尔科夫斯基，不但提出了火箭公式，还以论文和科幻小说的形式提出了多级火箭、太空城市等许多方案，被誉为"航天之父"。不过，还有一位和他完全不同的"航天之父"，名叫罗伯特·戈达德。如果说齐奥尔科夫斯基是理论家，那么戈达德则是实际制造出火箭、推动太空探索的实验家。只是戈达德在世的时候，知道他功绩的人不多。其中一个原因是媒体只关注实验的失败，总是带着批判和嘲笑的态度。比如说，美国一家大报社就曾在1920年根据错误的物理解释，对戈达德的实验大肆批判（1969年订正）。所以戈达德不得不把许多研究成果隐藏起来（不过还是申请了很多专利）。阿波罗时代的著名火箭科学家乔治·萨顿说："我不了解当年戈达德的工作，如果当时了解详情，就能节约很多时间。"实验总会有失败，但失败正是推动实验改进的原动力。SpaceX也很好地体现了这一点。"猎鹰9号"第一级火箭的回收再利用计划，正是在反复的着陆失败中逐渐接近成功，然而大部分媒体只关注失败，只会报道"新型火箭又爆炸了"。在媒体眼中，吸引大众的眼球要比报道真正有价值的新闻更重要。100年来这一点毫无变化。希望大家更关注通往最终目标时的阶段性成功，而不是挑战最终目标时的暂时性失败。

1924年，在美国马萨诸塞州克拉克大学授课的戈达德。（©NASA）

第**2**章

怎样去太空？

　　要去太空，最推荐的当然是搭乘火箭。火箭的发射场景非常壮观，震撼人心，并且火箭的安全性也日益提升。不过，发射火箭把物质运送到太空，需要制造强有力的火箭发动机，开发坚固但又轻巧的火箭，这会花费巨额资金，不可能像我们乘车旅行那样轻松。在本章中，让我们来看看火箭飞上太空的原理，同时也展望火箭的未来。

原来这么麻烦呀。

飞往太空的火箭

平时我们走路的时候，是用双腿蹬踏地面前进的。但太空中不仅没有地面，连空气都几乎没有。所以火箭为了在太空中前进，必须往外扔一些东西。可以是球，也可以是别的什么。但不管什么东西，火箭都要自己带着它们飞上太空。

火箭扔了什么？

 ## 火箭依靠"扔东西"来加速

7.7km/s这个速度是非常快的。怎样才能达到这个速度呢？一般来说，要获得加速度，必须去推某些东西。人在走路的时候需要推地面，船需要推水，飞机需要推空气来加速。但是，飞入太空的火箭，周围什么都没有，所以火箭必须自己带上某些用来推的东西，把它们推到外面去，用这种办法给自己加速。推出去的东西相当于被火箭扔出去了，所以火箭是通过"扔东西"来加速的。

人依靠推地面来前进：在走路和跑步的时候，我们用腿脚推着地面往前"加速"。（©TRAVELARIUM）

就算扔的是球，那也是"火箭"

携带推进剂的火箭

发射！

"猎鹰9号"火箭发射："猎鹰9号"火箭上安装了10台发动机。其中9台发动机合在一起用于地面发射，1台发动机用于太空飞行。（©NASA/Joel Kowsky）

　　真实的火箭"扔"出（喷射）的是高温气体，不过就算真的扔球也没关系。你可以想象一下扔保龄球或者开枪时的反作用力。这背后就是物理学上著名的"作用力与反作用力定律"（牛顿第三运动定律）。

　　不过，扔出去的东西不能再被自己抓住※。因为如果受到反向的加速度，那么本来获得的加速度就会被抵消。

气体推火箭的力

火箭推气体的力

通过喷射气体上升的"猎鹰9号"火箭：火箭向下喷射气体获得向上的力而上升。（©NASA/Bill Ingalls）

※比如把球从一只手扔到另一只手里。

只有火箭能在太空中前进

喷射推进

火箭推进

吸气式推进（通管喷气推进）

从前方吸入空气，利用空气中的氧气与飞行器自带的燃料进行燃烧，将燃烧产生的气体朝后方高速喷出

喷水推进

通过漏斗部吸入水，朝前进方向的反方向喷出水

美国奋进号航天飞机：中央红色的是外置燃料箱，两侧白色的是固体助推器。航天飞机在燃烧室中将氧化剂和燃料剂点火燃烧，将产生的高压气体向后喷射出来，推动自己前进。（©NASA）

（上）F-15战斗机：将吸入的空气与燃料混合燃烧，形成高温气体向后方喷射。（©CT75fan）
（下）游泳的鹦鹉螺：将吸入的水吐出去形成喷射水流。（©Charlotte Bleijenberg）

　　喷气式飞机能够喷射出耀眼的气流，看上去和火箭差不多，所以会让人以为它和火箭的推进方式类似。实际上，它们都通过喷射高温气体来加速，这一点是相同的。但决定性的差异是，喷气式飞机是把周围的空气吸进来和燃料混合燃烧后再将高温气体喷出去，而火箭只能把自己携带的燃料和氧化剂燃烧产生的高压气体喷出去。在喷射推进的方式中，喷气式飞机这种喷射方式的发动机，叫作喷气式发动机；而火箭这种不依靠外界大气的发动机，叫作火箭发动机。

　　只有在火箭发动机的帮助下，火箭才能不受周围环境的影响，即使在太空中也能加速。

喷气式飞机看起来好像也能在太空中飞行，实际上不行呀！

火箭是"将人造卫星发射上天的设备"

火箭不是用来前往太空的机器。它是具有火箭发动机的设备,通过把自己携带的燃料剂与氧化剂点燃,将产生的高压气体向后喷射,借助气体的反作用力来给自己加速。火箭的关键不在于外形。球形的东西也可以是火箭。而即使具备火箭的外形,但如果没有采用火箭推进的方式,那也不是火箭。比如下图的火箭,准确地说,其实是"利用火箭推进将人造卫星发射上天的设备"。

一般来说,火箭在推进时能在燃烧室中迅速燃烧并产生大量高温气体的化学物质叫作"推进剂",包括燃料和氧化剂。在采用燃烧方式的情况下,火箭发动机会让"燃料"和"氧化剂"发生反应。不过,火箭发动机不一定采用燃烧方式,有时推进剂不用燃烧,从外部加热就能产生推力,你们要注意区分"推进剂""燃料""氧化剂"的区别。

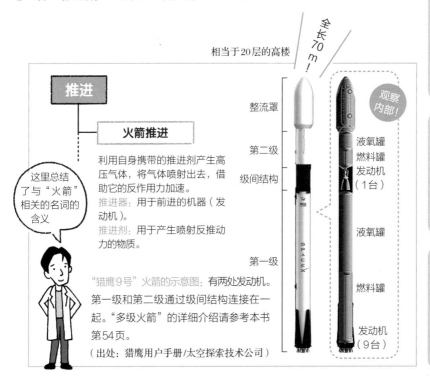

相当于20层的高楼

全长70 m!

推进

火箭推进

利用自身携带的推进剂产生高压气体,将气体喷射出去,借助它的反作用力加速。

推进器:用于前进的机器(发动机)。

推进剂:用于产生喷射反推动力的物质。

这里总结了与"火箭"相关的名词的含义

整流罩

第二级

级间结构

第一级

观察内部!

液氧罐
燃料罐
发动机
(1台)

液氧罐

燃料罐

发动机
(9台)

"猎鹰9号"火箭的示意图:有两处发动机。第一级和第二级通过级间结构连接在一起。"多级火箭"的详细介绍请参考本书第54页。

(出处:猎鹰用户手册/太空探索技术公司)

通过快速扔出轻东西来前进

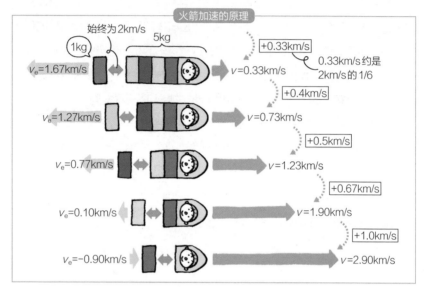

通过扔出 1kg 的物体来前进：v_e=被扔出物体的速度、v=火箭本体的速度（➡）。根据动量守恒定律，$1.67km/s × 1kg ≈ 2km/s × \frac{1}{6} × 5kg$。

接下来我们看看火箭是怎么获得速度的。火箭燃烧燃料和氧化剂，产生高压气体向后喷射的过程会使火箭质量减少，可以简化为向后扔出与减少的质量相同的物体，高压气体的速度等效为扔出物体的速度。假设这是一枚具有 6 级结构的火箭，第 6 级是头部（火箭本体），每一级质量都是 1kg，像积木一样叠在一起。现在把每一级逐级往左扔（⬅），扔出去的速度都是 2km/s（⬅），用这种方法给头部加速。这里的计算要求是，"扔出去的物体速度变化量×质量＝本体的速度变化量×质量"（这叫作动量守恒定律）；另外，"两者的速度差（v 和 v_e 的差）=2km/s（⬅➡）"。

可以看到，扔出去的物体速度（⬅）会逐渐减小，这是因为扔出之前的本体速度（➡）在增加。扔出去的物体和本体之间的速度差始终保持在 2km/s（⬅➡）。最终火箭的头部获得了 v=2.90km/s（➡）的速度。

火箭一开始速度慢，越往后越快

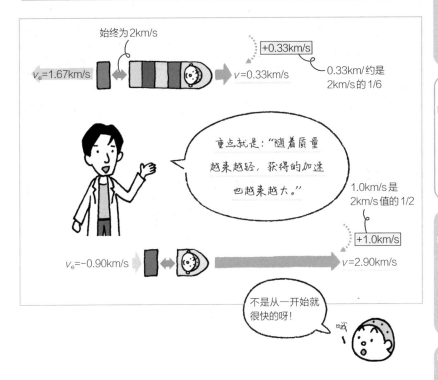

　　火箭加速的重点在于，每次扔东西出去的时候，火箭本体速度变化量都会慢慢增加。扔出第1级的时候，火箭本体的速度会增加0.33km/s，但扔出第5级的时候，火箭本体的速度会增加1.0km/s。明明是用完全相同的条件扔出去的，为什么会有这样的变化呢？这是因为本体的质量在慢慢变小。在推力相同的情况下，被推的对象质量越轻，获得的加速度就越大。换句话说，只要用同样的方式扔东西，最后就能增加很大的速度。这听起来很划算吧？但是反过来，由于一开始需要运送"稍后要扔的东西"，所以只能"加速很少一点"，这也显示出火箭推进的困难之处。其实我们只想加速很轻的"头部"，但是做不到。

齐奥尔科夫斯基的故事

100多年前，有个人想出了飞往太空的方法。他就是被誉为"航天之父"的齐奥尔科夫斯基。他生活在莫斯科郊外的小城里，本职工作是高中老师。他独立发现了"火箭方程"，这个方程至今都在使用。

$$m_0 = m_1 \exp\left(\frac{\Delta v}{v_e}\right)$$

100年前的火箭方程？

 解释火箭方程

火箭方程能让我们轻松计算出火箭的速度变化量（详情请参考本书第50~51页）。不过在使用这个方程的时候也需要注意一点，就是不能有东西干扰火箭的飞行。我们周围所有的运动物体，在没有外界干预的情况下，最终总是会停下来的。不管是滚动的球，还是扔出去的纸飞机，迟早都会停下来。这是因为有东西在干扰它们运动。球受到地面摩擦力的干扰，纸飞机受到周围空气的干扰。火箭方程中没有考虑这些影响，所以很难在我们周围的物体上应用这个方程。

那么，什么地方才会没有这些东西的干扰呢？那当然是太空。正因为太空中什么都没有，才需要火箭推进。也就是说，火箭方程是在什么都没有的空间里使用的方程。齐奥尔科夫斯基能在地球上发现这样的方程，真的太厉害了。

"在没有外力的作用时，任何物体都会保持静止状态或匀速直线运动"，这个性质叫作"惯性定律"。最早发现这个定律的是著名科学家——艾萨克·牛顿。实际上，不管是星球还是火箭，宇宙中的一切东西都受到重力的影响。即使周围什么都没有，星球的重力也会在遥远的地方发挥作用。所以在实际计算火箭运动的时候，必须把重力的影响也放到火箭方程里一起考虑。而这样的计算结果，就是所有发射上天的运载火箭，目标都是要在300km高度保持7.7km/s的速度。只要达到这个条件，哪怕地球的重力一直在把火箭往下拽，火箭也能持续飞行。而实现这个目标的，就是人造卫星。

火箭方程还有一个要点，就是扔出去的物体速度，是从火箭上看到的速度。比如说，本书第46页的"积木火箭"，在扔出最后一级的时候，虽然是往左边扔的，但因为火箭自身往右边飞，而且飞行速度很快，所以扔出去的物体，实际速度也是向右的（➡）。

\ **简单复习！** / 在太空中持续飞行的路线是什么？

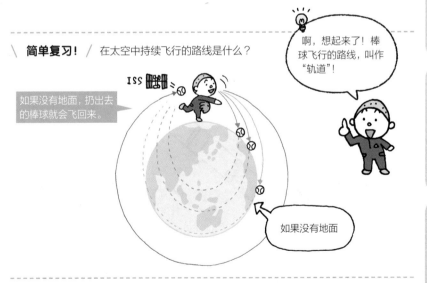

如果没有地面，扔出去的棒球就会飞回来。

啊，想起来了！棒球飞行的路线，叫作"轨道"！

如果没有地面

齐奥尔科夫斯基的信

你们一定要好好研究我的火箭方程。
那是我花了很长时间想出来的,
你们也要踏踏实实仔细思考。
不过别担心,它并不是很复杂。

齐奥尔科夫斯基

如果把 m_1 挪到左边,画成图像…

$$m_0 = m_1 \exp\left(\dfrac{\Delta v}{v_e}\right)$$

迅速增长的指数函数

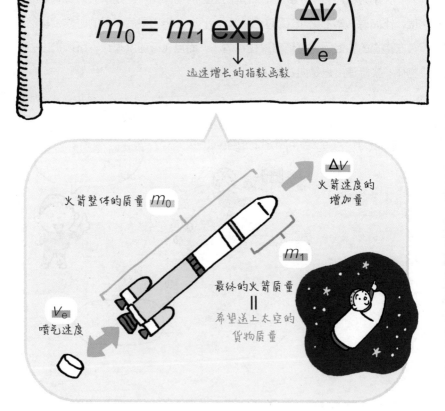

火箭整体的质量 m_0

Δv
火箭速度的
增加量

m_1

最终的火箭质量
=
希望送上太空的
货物质量

v_e
喷气速度

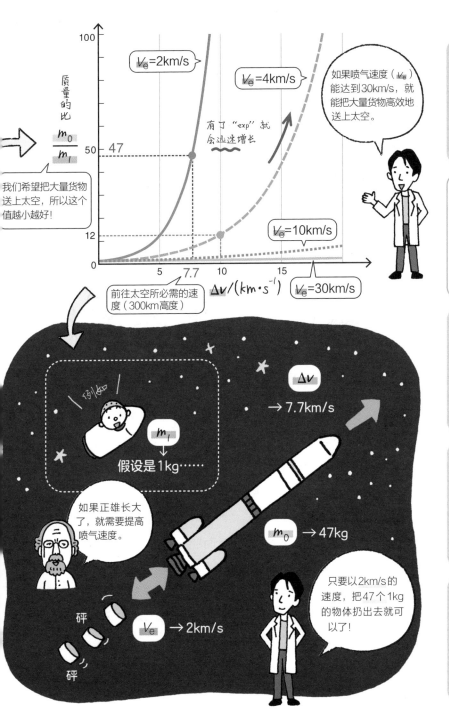

把物体发射上天需要巨大能量

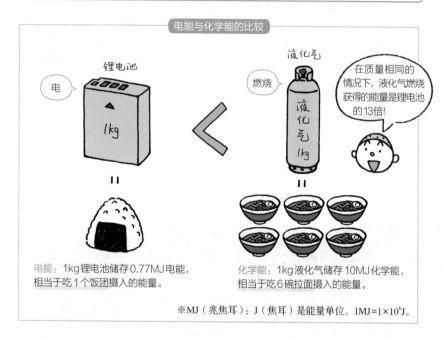

火箭推进本质上是将燃料和氧化剂转化为高压气体喷出去，不过它有一个不可欠缺的要素，那就是能量。不管是枪还是投球机，没有能量就没办法工作。使用哪种能量来转化物质并喷出去，也是火箭的关键点。能量有各种形式，比如电能、化学能、热能、核能、光能、势能、动能、水能、风能等。但对于火箭来说，它需要把能量从地面带到太空，所以可选的形式只剩下电能和化学能。你可以把电能想象成电池，把化学能想象成烧汽油的汽车。而以目前的技术来说，想获得同样的能量，燃烧的方式要比电池容易得多。所以，现在所有发射上天的火箭，都是依靠燃烧某种东西来获取能量，并把燃烧后的东西扔出去来获得加速度。

齐奥尔科夫斯基的梦

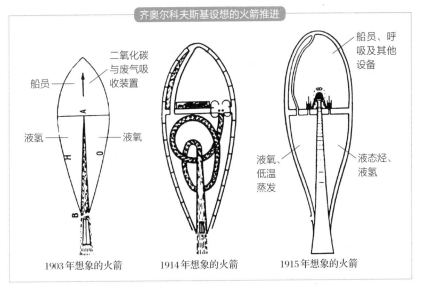

齐奥尔科夫斯基设想的火箭推进

船员

二氧化碳与废气吸收装置

液氢　　　液氧

1903年想象的火箭

1914年想象的火箭

船员、呼吸及其他设备

液氧、低温蒸发

液态烃、液氢

1915年想象的火箭

生活在俄罗斯小山村里的高中教师齐奥尔科夫斯基，独立想出了飞往太空的方法。那就是"火箭推进"（见本书第45页）与"多级火箭"（见本书第56页）。在1903年发表的论文《利用反作用力设备探索太空》中，他发表了能够让人类飞往太空的理论，也就是著名的"火箭方程"（见本书第50页）。

上图就是齐奥尔科夫斯基在论文中画的火箭设计图，其中画了喇叭形的"超声速喷嘴"（见本书第68页）和"液体火箭"（见本书第66页）。液体火箭的燃料剂是"液氢"和"液态烃"，氧化剂是"液氧"，这些都沿用至今。图中的"船员"，显示出齐奥尔科夫斯基从一开始就设想了载人航天。

齐奥尔科夫斯基的设想!

多级火箭的故事

齐奥尔科夫斯基提出的火箭方程（见本书第50页），其实并不能直接用于计算火箭飞往太空的运动过程。这是因为地面附近有空气，也有重力作用。突破这些阻碍的唯一办法是"多级火箭"，这也是齐奥尔科夫斯基想到的。

用多级火箭克服重力?

 ## 躲不开空气和重力

在第2小时中登场的火箭方程，没有考虑空气和重力的影响。实际上火箭要去太空的时候，地面附近的空气会干扰火箭的飞行，火箭向上飞的时候也会受到重力的向下拉的作用，所以要达到预期的7.7km/s的目标，运载火箭实际上需要加速到10km/s左右。

还有一点不能忘记的是，用来扔东西的设备也有质量。在发射时，火箭会把燃料和液氧混合在一起燃烧，把产生的高压气体喷射出去，这就需要罐子储存燃料和液氧，也需要发动机燃烧它们，此外还需要有柱子支撑这些设备，也要有坚固的壁板（叫作"壳体"）保护人造卫星不受损伤。在实际发射时，这些质量占据火箭整体质量的10%～15%。

在这里，让我们再来看一下火箭方程（见本书第50～51页）。首先，将排气速度的最大值设为现实中可以获得的4km/s（见本书第51页图中"━━━"线）。由于目标速度 v 是10km/s，所以火箭整体的质量必须是运载货物的12倍。这意味着货物最多不能超过火箭整体质量的8%。但是刚才已经讲过，除了货物，算上火箭的罐体和壳体，质量就超过了10%。换句话说，照这种情况计算，光是把扔东西的设备发射上去就很吃力了，最重要的人造卫星和宇宙飞船都运不上去。

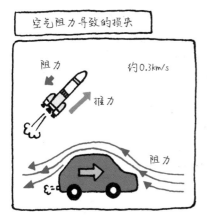

空气阻力导致的损失

阻力
推力
约0.3km/s
阻力

飞行中的空气阻力导致的损失约为0.3km/s

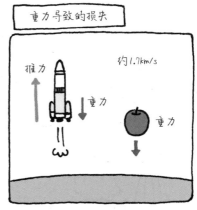

重力导致的损失

推力
约1.7km/s
重力
重力

飞行中重力导致的损失约为1.7km/s

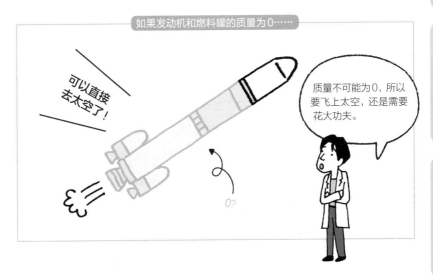

如果发动机和燃料罐的质量为0……

可以直接去太空了！

0?

质量不可能为0，所以要飞上太空，还是需要花大功夫。

使用逐级丢弃的多级火箭前往太空

多级火箭的原理

扔掉用完的部件，让身体逐渐轻盈，从而不断加速！

为了弥补空气阻力和重力造成的损失，让火箭飞往太空，可采用的办法是把罐体和壳体分成几个，用完一个扔掉一个。你可以把它想象成马拉松运动员把喝完的饮料瓶扔掉。火箭和马拉松运动员一样，都想尽可能地减轻质量。采用这种方法前往太空的火箭，就是多级火箭。

使用多级火箭，就能在运送罐体和壳体之外，再运送占火箭整体质量3%左右的货物。这个3%是多少呢？假设是一瓶500mL的饮料，3%就相当于2个瓶盖的量。火箭中只有这么小的地方能塞进飞船。花费宝贵的零花钱买了一瓶饮料，结果只能喝到2个瓶盖的量，真让人伤心啊。

三级火箭的分离方式

　　分离罐体和壳体有多种方法。阿丽亚娜航天公司的运载火箭"阿丽亚娜5型"，首先分离侧面的2个白色助推力器（图1），然后分离整流罩（保护飞行器不受空气损伤的上部壳体）（图2），最后分离中间的粗大部分（图3）。分离的罐体和壳体会掉到地面或者海里。那相当于大卡车从比东京塔还高的地方掉下来，冲击力非常大，绝对不能靠近！

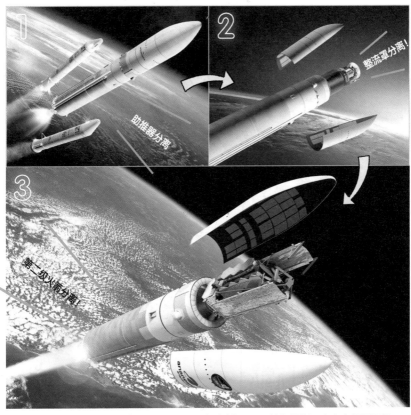

世界最大的"阿丽亚娜5型"火箭：于2021年发射NASA的詹姆斯·韦布空间望远镜。
（©NASA、©ESA）

用多级火箭前往太空！

根据火箭方程，使用多级火箭的方法，终于可以飞上太空，成为人造卫星持续飞行了。这是唯一的方法。

从这里往上就是太空！

碎！

扔掉太可惜了……

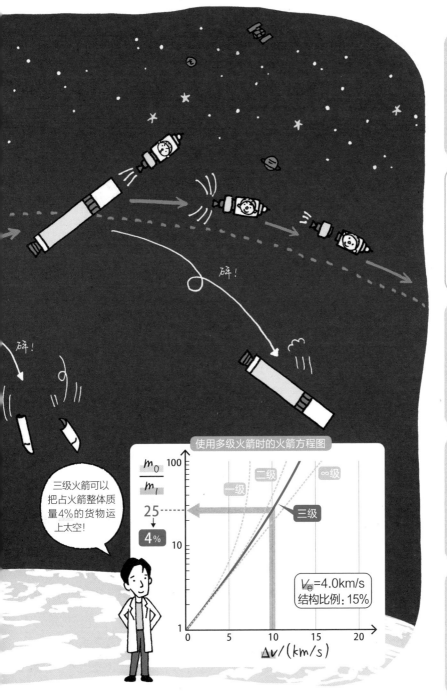

三级火箭可以把占火箭整体质量4%的货物运上太空！

使用多级火箭时的火箭方程图

$\frac{m_0}{m_l}$

一级
二级
∞级
三级

V_e=4.0km/s
结构比例: 15%

Δv /(km/s)

化学能的故事

火箭要想前进，必须把携带的东西扔到外面去，不管那是棒球还是别的什么。扔东西需要能量。目前的火箭推进方式，是把高效的化学能或者长效的电能（见本书第98页）转化成动能，把东西扔出去。

化学能？

运载火箭是"化学火箭"

在第2小时中简单提到过，火箭推进不可缺少的是"扔东西"的动作，而这个动作需要能量。目前发射的火箭，利用的是燃烧东西获得的能量。什么是"燃烧"呢？那其实是某种燃料（纸、木头、天然气等）与氧气发生化学反应并放出光和热的过程。

在这里，我们把通过化学反应获得的能量叫作化学能。比如，汽车是通过把汽油和空气中的氧气混合燃烧来推动发动机运转，所以可以说它是靠化学能行驶的。不过这里需要注意的是，火箭在太空中时，周围没有空气，它必须自己携带氧气。所以运载火箭和汽车不一样，它需要两个罐子，分别装燃料和液氧。

使用化学能的火箭推进（化学推进），其特征是燃料和液氧既是被转化为高压气体扔出去的东西，也是能量的来源。燃料和液氧本来是用来获取能量的，它们在燃烧后从火箭后部喷出，减少了火箭的质量。对于运载火箭来说，减少质量是关键，所以这是非常好的方法。但这种方法也会带来限制。因为一旦决定了要携带多少燃料和液氧，燃烧产生的能量也随之确定，于是火箭最终能达到多快的速度也就自动确定了。例如，燃烧2g的液氢和16g的液氧，会产生18g的气态水和241kJ的能量（下图）。如果将这些能量全都当作给火箭加速的能量，那么产生的高压气体向后喷射的速度大约是5km/s。只要是液氢和液氧的组合，怎么努力气体喷射速度也不可能超过这个速度。也就是说，它的速度是有极限的。

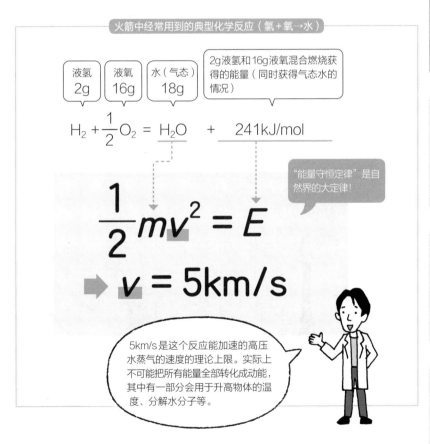

火箭中经常用到的典型化学反应（氢＋氧→水）

液氢 2g　液氧 16g　水（气态）18g　2g液氢和16g液氧混合燃烧获得的能量（同时获得气态水的情况）

$$H_2 + \frac{1}{2}O_2 = H_2O + 241kJ/mol$$

"能量守恒定律"是自然界的大定律！

$$\frac{1}{2}mv^2 = E$$

$$v = 5km/s$$

5km/s是这个反应能加速的高压水蒸气的速度的理论上限。实际上不可能把所有能量全部转化成动能，其中有一部分会用于升高物体的温度、分解水分子等。

第1章 太空是什么样的？

第2章 怎样去太空？

第3章 在太空做什么？

第4章 我们能在太空中飞多远？

第5章 太空和人类的未来

世界各国运载火箭的性能对比……

我们来看看世界各国的运载火箭。这些火箭都很大，不过要运载的东西不一样，分离的方式也不同，形状自然也各式各样。写在火箭下方的是第一级发动机的性能：燃烧的两种物质组合、喷射气体的平均速度（喷气速度v），以及发动机推动火箭的力量（推力）。

推进剂的组合大致决定了喷气速度。能够获得最大速度的组合，就是之

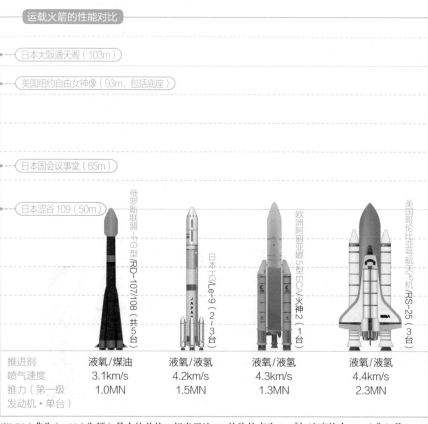

运载火箭的性能对比

日本大阪通天阁（103m）

美国纽约自由女神像（93m，包括底座）

日本国会议事堂（65m）

日本涩谷109（50m）

	俄罗斯联盟-FG型/RD-107/108（共5台）	日本H3/Le-9（2~3台）	欧洲阿丽亚娜5型ECA/火神2（1台）	美国哥伦比亚号航天飞机/RS-25（3台）
推进剂	液氧/煤油	液氧/液氢	液氧/液氢	液氧/液氢
喷气速度	3.1km/s	4.2km/s	4.3km/s	4.4km/s
推力（第一级发动机·单台）	1.0MN	1.5MN	1.3MN	2.3MN

※MN（兆牛）：N（牛顿）是力的单位，相当于让1kg的物体产生1m/s²加速度的力。M（兆）是100万的意思，1MN就是使1000t的物体产生1m/s²加速度的力。不过1MN并不能让地面上的1000t物体上升，所以在需要加速的情况下，还要更大的推力（>9.8MN）。

前说过的液氢和液氧的组合，能够超过4km/s。另外，煤油和液氧的组合虽然只有3km/s的速度，但也很受欢迎。这是因为要把液氢装进罐子，需要冷却到-250℃，太费事了。而煤油只需要室温。

　　能以多快的速度喷射推进剂燃烧后产生的高压气体，决定了推力能有多大。推力可以大也可以小，不过制造大推力的发动机难度很高，所以有些火箭会把多个小发动机结合在一起增加推力。第一级发动机需要把整个火箭推上去，所以要根据火箭的整体质量选择足够大的合计推力。

好大呀！

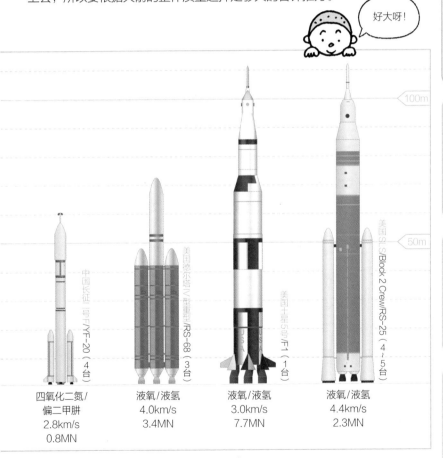

中国长征二号F/YF-20（4台）	美国德尔塔IV型重型/RS-68（3台）	美国土星5号/F1（一台）	美国SLS/Block 2 Crew/RS-25（4～5台）
四氧化二氮/偏二甲肼	液氧/液氢	液氧/液氢	液氧/液氢
2.8km/s	4.0km/s	3.0km/s	4.4km/s
0.8MN	3.4MN	7.7MN	2.3MN

固体火箭是专业技术的结晶

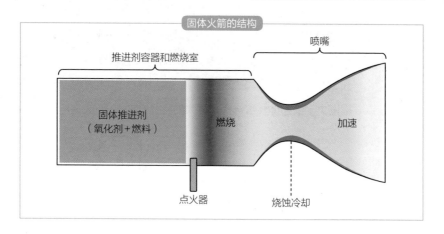

固体火箭的结构

喷嘴

推进剂容器和燃烧室

固体推进剂
（氧化剂+燃料）　　燃烧　　加速

点火器　　　　　　　烧蚀冷却

在我们周围，有什么类似运载火箭的东西吗？我首先要举的例子，就是烟花。烟花的原料是火药，那是将氧化剂的粉末和燃料混合在一起制成的固体物质。一旦点火，即使周围没有空气，也能迅速燃烧起来。烟花将火药放在圆筒里燃烧，通过喷出的气体的推力飞上天空，这一点和运载火箭一样。不过，烟花最后都会"砰"的一声炸出绚烂的图案，但在发射飞船的时候可不能爆炸。

使用固体推进剂的运载火箭，就叫作"固体火箭"。固体火箭的圆筒里装有固体推进剂和点火器，燃烧后的气体通过喷嘴喷出（上图）。

固体火箭和烟花一样，都是专业技术的结晶。首先，不同的燃烧方式会导致不同的推力变化过程（见本书第65页上图）。如果从圆柱底部开始燃烧，燃烧部分较小，推力也无法增大。如果在圆柱中开孔燃烧，初始推力虽然更大，但随着圆孔越烧越大，推力也会越变越大（而理想状态是尽可能保持推力始终恒定）。

在这里，人们想到的办法是开星形的孔（下页图）。孔较小的时候是完整的星形，变大的时候星形的角会逐渐变圆，因而既能保证大推力，又不会让推力有剧烈的变化。另外，固体推进剂中除了燃料和氧化剂，还会加入各种各样的材料，调整烟量、硬度、燃烧效率等。这就像是调配药物一样，是每个制造者的不传之秘。

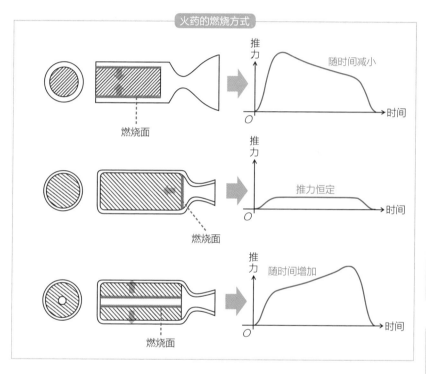

火药的燃烧方式

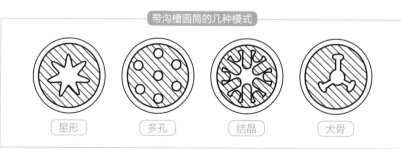

带沟槽圆筒的几种模式

星形　　多孔　　结晶　　犬骨

性能优异但结构复杂的液体火箭发动机

液体火箭发动机的结构

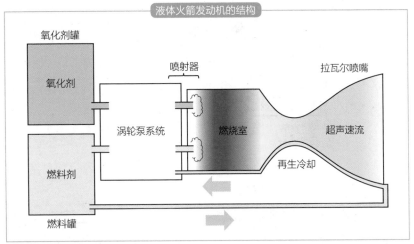

氧化剂罐

氧化剂

涡轮泵系统

喷射器

燃烧室

拉瓦尔喷嘴

超声速流

再生冷却

燃料剂

燃料罐

基本原理是将氧化剂（粉）和燃料剂（青）这两种液体送入燃烧室（红~黄）燃烧，将产生的高压气体通过喷嘴喷出。

目前运载火箭的主流是液体火箭。将液体的燃料剂和氧化剂装进罐子里，再把它们送入燃烧室燃烧，喷出高压气体。使用液体推进剂的优势在于控制方便，可以调整推力的强度。相比之下，固体火箭和烟花一样，一旦点燃就无法停止。而且和固体火箭相比，液体火箭有一些燃料组合能让其喷出的气体达到很高的速度，这一点也很重要。其代表就是之前提到的液氢和液氧的组合，产生的高压气体的喷出速度是普通固体火箭产生的气体的喷出速度的2倍左右。

液体推进剂虽然方便，但有一个重大的障碍，那就是如何把液体送进燃烧室。燃烧室里燃烧产生的气体会带来很大的压力，要把液体送入燃烧室，需要足够大的力。所以只能用强有力的泵，把液体推进去。但是，泵的运转需要能量，又不能像在地面上那样，插上插头获取电力。因此需要燃烧少量的液氧和燃料，或者利用燃烧室的热量，给泵的运转提供能量。这种泵叫作涡轮泵，是液体火箭的心脏，也是研发难度最大的部位。

运载火箭的研发难度，可以说就在于这个涡轮泵的研发难度。实际上，在1980—1990年，液体火箭的开发是以高性能为目标的，但自2000年以后，人们倾向于选择性能略低但能节省研发成本的发动机，于是出现了不用液氢而选择煤油做燃料的发动机，也出现了把多个小发动机集结在一起的方法。换句话说，人们不再单纯追求高性能，而是选择综合各方面看来最具性价比的道路。

"猎鹰9号"火箭的第一级发动机

呈圆形配置的地面发动机。这种配置方式叫作"Octaweb"，9台发动机以8台环绕中间1台的方式排列。（©Steve Jurvetson）

🚀 利用气流特殊性质的"喷嘴"

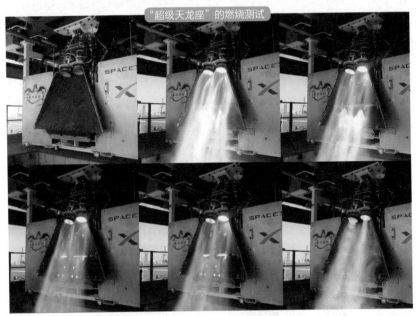

SpaceX的载人飞船"龙-2"号使用的液体火箭发动机"超级天龙座"的燃烧测试。
（©SpaceX）

　　燃烧燃料和氧化剂获得气体后，将它喷射出去的出口也需要精心打造。你们可能看到过伴随着强光和巨响的气流从喇叭形喷嘴喷射出来。这种喷嘴的形状很有趣，它的头部很细，越往后越宽。

　　气流有一种性质，在流动时，出口越狭窄，速度就会越快。你不妨想象一下这样的场景：当水从水管里流出来的时候，如果捏住出口，水流就会变得很急。不过，气流还有另一个奇妙的性质：当速度超过声速时，气流越宽，速度反而越快。这就带来一个问题：如果仅仅做一个狭窄的出口，并不能让气流超过声速。对于火箭来说，总希望尽可能用最快的速度把东西"扔"出去，所以这里设计了两个阶段，也就是先狭窄，再变宽。首先在最狭窄的地方让气流速度达到声速，然后在变宽的地方让气流加速到超声速。这就是火箭在现实中使用的火箭喷嘴，它能用高于声速几倍的速度喷射气体。

气流速度超过声速时，还会出现其他的有趣现象。其中之一就是冲击波。那是气流速度和浓度的非连续变化导致的现象，我们可以用肉眼观察到它。仔细观察火箭喷嘴喷射出的气流，会看到周期性的纹理。那就是气流速度超过声速的特征性现象，叫作"马赫环"。

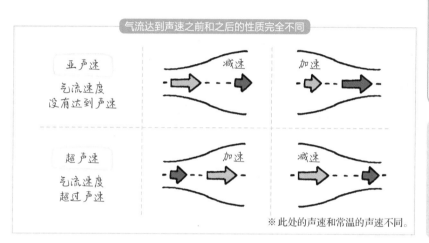

气流达到声速之前和之后的性质完全不同

亚声速
气流速度
没有达到声速

减速　　加速

超声速
气流速度
超过声速

加速　　减速

※ 此处的声速和常温的声速不同。

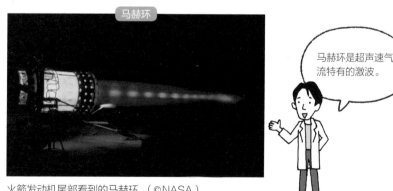

马赫环

马赫环是超声速气流特有的激波。

火箭发动机尾部看到的马赫环。（©NASA）

\ 巧夺天工！/

火箭再利用的未来

发射火箭时，从多级火箭上分离的发动机，实际上是一次性的。但近些年来，人们也在尝试让第一级火箭成功着陆，探索重复利用的方法。这能够大幅节省发射费用，令人看到商业航天的未来。

可以再利用吗？

削减成本、增加发射次数的未来

近年来，太空探索正在从以树立国家威信为目标的高性能技术开发，转向民间主导的兼顾成本与可靠性的开发。这一趋势的代表就是美国的民营企业SpaceX。这家企业将100亿日元（约5亿元人民币）左右的火箭价格降到了62亿日元（约3亿元人民币）。

我们来看看SpaceX降低成本的秘诀。"猎鹰9号"火箭的发动机使用煤油和液氧，喷气速度为3km/s，1台发动机的起飞质量是86t。这种火箭性能不算很高，但开发难度降低了不少，SpaceX更加重视成本和可靠性。这种火箭的最大特点是发射频率，目前每年可以发射20枚左右，与一般火箭每年发射1~4枚相比，具有压倒性的优势。此外，一枚火箭使用10台发动机，所以对于发动机的工作情况能一次性积累10倍的经验。这种巨大的经验优势，正是推进技术研发和降低成本的秘诀。

第一级火箭返回地面!

第一级火箭着陆的情景

着陆!

SpaceX成功实现了运载火箭第一级的着陆和再利用。发射后,第一级火箭与第二级火箭分离,约8min后回到地面。(©SpaceX)

　　SpaceX广受关注还有一个原因,那就是运载火箭的部分再利用。第一级火箭中装入超出需要的推进剂,在把第二级火箭送入太空后,利用剩余的推进剂降落回地面,实现重复利用。不过,火箭的形状并不容易使其保持直立,所以着陆非常困难,SpaceX也失败了许多次。但SpaceX利用完成运送人造卫星任务的第一级火箭反复试验,将失败的不利影响控制在最小的同时,最大限度地利用"失败的价值",脚踏实地地实现着陆的目标。

　　另外,只选择第一级火箭,也显示出该企业的商业眼光。第二级火箭需要把人造卫星送上太空,所以速度和高度都和人造卫星相同,要让它成功返回地球表面更加困难。相比之下,第一级火箭的飞行速度较小、飞行高度较低,回收难度大大下降。而且第一级火箭的发动机和机体都很大,回收价值更高。

通过发动机回收利用实现降低成本的目标

回收第一级火箭的无人驾驶船

通过浮在海上的无人驾驶船ASDS（Autonomous Spaceport Drone Ship）回收的第一级火箭。回收后经过检测整修，实现了机体的重复利用。（©SpaceX）

　　SpaceX成功实现了241次第一级火箭的回收，并已经进行了213次再利用（截至2023年11月5日）。那么，它给运载火箭的价格带来了什么影响呢？其实这一点目前并不清楚。该公司的CEO埃隆·马斯克说，第一级火箭的制造费用为15亿日元（约7000万元人民币）。减去这个金额，"猎鹰9号"火箭的价格约为82亿日元（约4亿元人民币）。但火箭再利用之前还需要检测整修。马斯克说，回收后的检测整修费用约为1亿日元（约500万元人民币）。这样看起来回收火箭似乎有利可图。但还有一点不能忘记的是，为了回收，火箭需要装载更多的推进剂，所以运载的货物减少了30%～40%。这意味着，和未回收的火箭相比，回收火箭的有效载荷会减少。这样想来，似乎可以算出运载火箭的成本价格，但SpaceX并没有公布成本价格。因为价格其实并不是由成本决定的，而是企业设定的。

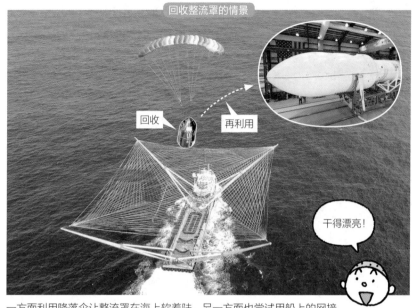

整流罩也成功实现了再利用

回收整流罩的情景

回收

再利用

干得漂亮!

一方面利用降落伞让整流罩在海上软着陆,另一方面也尝试用船上的网接住整流罩。(©SpaceX)

　　SpaceX成功实现第一级火箭的回收和再利用以后,又转向了新的目标。首先,它开始尝试回收再利用运载火箭最顶部的整流罩。整流罩是保护人造卫星和飞船不受空气阻力影响的罩子。可不要小看它,它的成本占据整个火箭成本的10%左右。整流罩利用降落伞掉回海面,再用装备网的船只接住。和火箭发动机不一样,整流罩的结构简单,掉在海里也能再利用,而且可以重复利用很多次。至于第二级火箭,"猎鹰9号"火箭没有回收计划,但后继箭种"星舰"(见本书第145页)有再利用的计划。"星舰"是SpaceX的巨型火箭。现在绝大部分运载火箭以飞出大气层为目标,但它的目标是飞往其他行星,所以用"星舰"作名字。

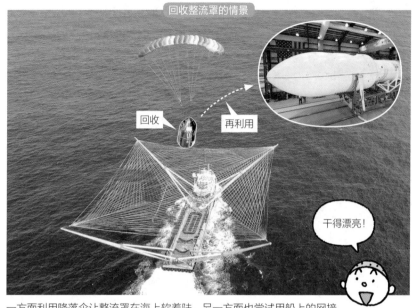

航天画册

2014年8月5日"猎鹰9号"火箭的发射场景,它将中信集团的商用通信卫星"亚洲八号"送上地球同步转移轨道。(SpaceX)

美国"土星5号"运载火箭的发动机和"美国现代航天之父"韦恩赫尔·冯·布劳恩

从20世纪20年代的德国到20世纪70年代的美国，冯·布劳恩对火箭技术的发展做出了重大的贡献。他开发的巨型火箭"土星5号"成为阿波罗计划的运载火箭，做出了卓越的成绩。(©NASA)

第3章

在太空做什么？

　　我们为什么投入巨额资金，集结全世界的智慧，甚至不惜用生命做赌注去探索太空呢？以前的太空探索很大程度上是在挑战未知，但现在迎来了重大的转换期，在太空探索中引入商业构想，将会使太空探索成为真正的产业。在本章中，让我们从熟悉的人造卫星等太空飞行器开始，看看未来太空探索选择月球作基地的原因。

好像轻飘飘地浮起来啦！

在太空中可以做各种事

你有没有想过，如果能够乘坐火箭飞入太空，接下来要在太空中做什么呢？和太空相关的人类活动叫作"太空探索"，活动内容丰富多彩，比如通过气象卫星提高天气预报的准确度、用火星探测器揭示火星未知的秘密等。

就是想去不行吗？

 ## 带着目的进入太空

前面说了很多前往太空的方法，不过我们究竟为什么前往太空呢？这当然是有目的的。如果说只是因为喜欢去太空，那么目的就是太空旅行（虽然现在还不容易）。目前所有发射的火箭，都带有某种目的，将某种能在太空工作的设备从地球送到太空中去。也就是说，火箭是手段，不是目的。而能在太空中工作的设备，叫作"太空飞行器"或者"飞船"。

带着目的进入太空

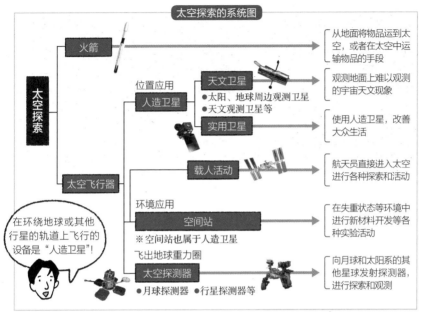

太空探索的系统图

太空探索的构成要素：作为手段的火箭和作为目的的太空飞行器。（出处：改编自藤井孝三、并木道义《完全图解·宇宙手册》）

由火箭送上太空的设备是"太空飞行器"，而其中的"人造卫星"是知名度最高的。在太空飞行器中，最著名的是空间站。它是在距离地球约400km高的轨道上飞行的太空飞行器，目的是让航天员在太空中进行实验和研究。此外，日本"燕子号"人造卫星试验了超低轨道飞行技术。它在受到大气干扰的地方，实现了利用离子发动机持续飞行。

日本的实验舱"希望号"

【国际空间站/低轨道】高度约400km；目前最大的太空飞行器，大小和一个足球场差不多。（©NASA）

离子发动机

【人造卫星"燕子号"/超低轨道】高度约180km；使用离子发动机，在高度极低的轨道上飞行了7天。（©JAXA）

在太空中观测天文现象的天文卫星

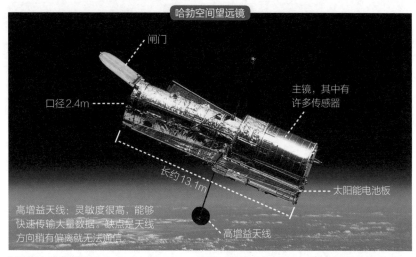

哈勃空间望远镜

闸门

口径2.4m

主镜，其中有许多传感器

长约13.1m

太阳能电池板

高增益天线：灵敏度很高，能够快速传输大量数据。缺点是天线方向稍有偏离就无法通信。

高增益天线

【望远镜/近地轨道】高度500～600km：汇集光线的设备只有一个，但带有4种传感器，可以做多种观测。哈勃空间望远镜的大小相当于一辆公交车。（©NASA）

　　天文卫星和空间望远镜都是在太空中观测各种天体的太空飞行器。其中的"哈勃空间望远镜（HST）"拍摄了无数美丽的照片。在地球上观测天体，总会受到空气扰动的影响。哈勃空间望远镜在太空中观测天体，因而能够避免空气扰动的影响。它是30多年前发射的人造卫星，后来航天员搭乘航天飞机对其做过多次对接修理和升级。

入射光

副镜

主镜

太空

焦点

哈勃空间望远镜的结构。（出处：中尾政之、MONOist，2008年2月29日公开）

哈勃空间望远镜拍摄的土星：2020年7月4日拍摄的土星。（©STScl/NASA）

给大众生活带来便利的实用卫星

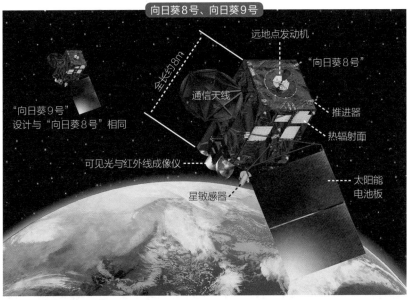

向日葵8号、向日葵9号

远地点发动机

"向日葵8号"

"向日葵9号"设计与"向日葵8号"相同

全长约8m

通信天线

推进器

热辐射面

可见光与红外线成像仪

太阳能电池板

星敏感器

【气象卫星/地球静止轨道】高度约36 000km：用H2A火箭发射的日本"向日葵8号"（2014年）和"向日葵9号"（2016年）。（©JAXA）

　　人造卫星给我们的生活带来的最大便利应该是天气预报和卫星导航系统。日本"向日葵"系列气象卫星在约36 000km的高处持续观测地球，为预测天气做出贡献。如今手机和汽车大都配有卫星导航系统，地球上的手机和汽车通过接收卫星发射的电波，可以计算出自己所在的位置。以前没有天气预报和卫星导航系统的时候，出门没有如今这么方便。

黑白影像

"向日葵7号"的第一张影像：分辨率较低的黑白照片。（©日本气象厅）

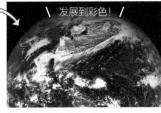

发展到彩色！

"向日葵8号"的第一张影像：分辨率较高的彩色照片。（©日本气象厅）

变彩色啦！

在绕月轨道上飞行的探测器

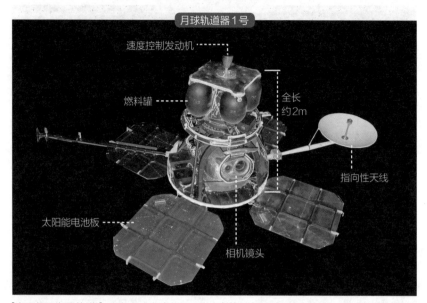

月球轨道器1号

速度控制发动机

燃料罐

全长约2m

指向性天线

太阳能电池板

相机镜头

【探测器/绕月轨道】距离月球高度约40km：它的任务是绘制月球地图，为实现登陆月球的阿波罗计划做准备。此系列共有5架探测器，这是第一架，搭载了长焦和广角两种镜头。（©NASA）

　　探索未知星球是太空探索的明星项目。就连大家都很熟悉的月球，也是在月球探测器登场之后，人类才得以看到它的背面。月球总是用同一面朝向地球，因此人们在地球上看不到月球的背面。美国的月球探测器"月球轨道器1号"拍摄的"地升"照片（右），只有离开地球、绕到月球背面才能拍到。另外，首次拍摄月球背面的是苏联的"月球3号"探测器（1959年）。

地球从月面升起的"地升"：1966年8月23日"月球轨道器1号"拍摄的照片（2008年修复版）。（© NASA/LOIRP）

送上火星的探测器

最新的探测器！

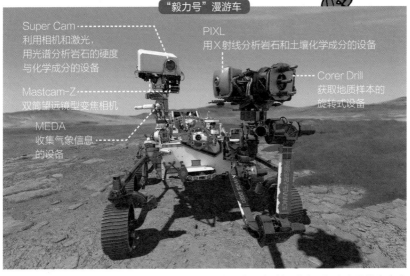

"毅力号"漫游车

Super Cam
利用相机和激光，用光谱分析岩石的硬度与化学成分的设备

Mastcam-Z
双筒望远镜型变焦相机

MEDA
收集气象信息的设备

PIXL
用X射线分析岩石和土壤化学成分的设备

Corer Drill
获取地质样本的旋转式设备

2021年2月18日成功登陆火星：与自动飞行的小型火星直升机联动，探索火星的生命痕迹。（©NASA/JPL-Caltech）

第1章 太空是什么样的？

第2章 怎样去太空？

第3章 在太空做什么？

第4章 我们能在太空中飞多远？

第5章 太空和人类的未来

与月球探测热度不相上下的是火星探测。以前人们认为可能存在火星人，但把能在火星表面行走的漫游车送上火星以后，发现并不存在火星人。不过火星上存在水流痕迹，因而人们推测很久以前的火星环境和地球环境类似，可能存在过微生物之类的生命。2021年2月在火星表面着陆的美国"毅力号"漫游车的目的之一，就是搜寻火星上古老生命生存过的痕迹。

小型火星直升机：NASA开发的小型火星直升机"机智号"。（©NASA/JPL-Caltech）

史上首次在空中拍摄火星："机智号"的相机拍摄的火星地面。（©NASA/JPL-Caltech）

第2小时

利用GPS确定位置的原理

听到飞船或者人造卫星这些词，你可能会想到各种复杂的设备吧。不过，和遥控玩具相比，这些太空飞行器除了在遥远的太空空间飞行，其他都和遥控模型很相似。在这里，我们一起来看看GPS卫星的构造，解释一下太空飞行器的基本原理。

为什么能知道我在的位置呢？

 ## 对比太空飞行器和遥控模型

有些太空飞行器是载人的，比如空间站。不过大部分太空飞行器是无人的。这就是说，人们必须在其他地方控制它们。而说到在其他地方控制机器，这一点又和遥控模型非常相似。当然，不同的地方也有很多，在这里，我们以大家熟悉的GPS卫星为例，通过将其与遥控模型对比，介绍太空飞行器的4个基本要素。

GPS卫星在距离地球约20 000km的太空飞行，所以它和遥控模型的第1个重要区别，就是GPS卫星距离地球非常远。那么远的地方，人们使用肉眼根本看不到，不知道GPS卫星到底在哪里。所以，操作卫星的时候需要非常强大的通信天线。

第2个区别是温度控制。遥控模型的温度会随着周围的环境（比如沙漠、南极等）而改变。但太空中没有空气，太空飞行器的温度控制方法和在地面上完全不同。我们在第1章第5小时中介绍过，一是从太阳光接收的热量，二是通过热辐射放出的热量，太空飞行器的温度由这两者的平衡决定，所以太空飞行器通过表面材料控制温度。

第3个区别是电池。太空飞行器和遥控模型都有电池，但在太空中，太空飞行器只能靠太阳能电池板充电（见本书第94页）。现代的太空飞行器大都同时搭载电池和太阳能电池板，在有阳光的白天使用太阳能电池板提供的电力，同时也给电池充电，在夜晚时使用充电后的电池。

第4个区别是姿态控制。操作遥控模型可以控制其前进方向的姿态。而在太空中，空间3个维度上都很自由，周围什么都没有，太空飞行器不会自己停下来。太空飞行器的姿态决定了天线和太阳能电池板的朝向，它的前进方向对于通信和发电都非常重要。

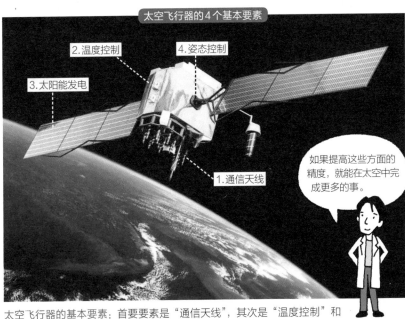

太空飞行器的4个基本要素

2.温度控制　　4.姿态控制

3.太阳能发电

1.通信天线

如果提高这些方面的精度，就能在太空中完成更多的事。

太空飞行器的基本要素：首要要素是"通信天线"，其次是"温度控制"和"太阳能发电"，最后是关系到太空飞行器寿命的"姿态控制"。（©NASA）

通过24颗卫星测定位置

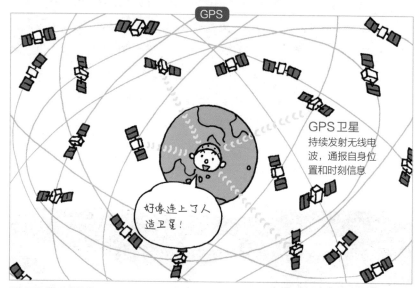

通过手机等设备接收GPS卫星发射的无线电波：为了获得更为准确的位置信息，需要从地面上看到4颗以上的GPS卫星。

太空飞行器的4个基本要素的具体内容放在下一小时说明，在这里我们来看看GPS卫星的工作原理。GPS是日常生活不可欠缺的东西，如果理解了它的工作原理，一定能在某个时候发挥作用。

GPS卫星是在距离地球约20 000km太空中飞行的24颗人造卫星。和飞行在约400km高度的空间站相比，它们的飞行高度高得多。地球直径约为12 800km，GPS卫星在离地心相当于2个地球直径的距离上飞行，因而每颗卫星都可以清晰地看到整个地球（不过当然看不到地球的背面，最多只能看到半个地球）。

这些GPS卫星在做什么呢？那就是将天线对准地球，持续发射无线电波，通报自己的位置和时间。换句话说，GPS卫星就像是报时卫星，不过特殊之处在于它们会把自己的位置信息也一起发送出来。

通过2～3颗GPS卫星确定位置

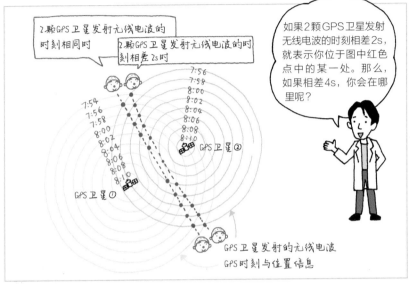

2颗GPS卫星发射无线电波的时刻信息的情况：根据2颗GPS卫星发射的无线电波，可以在曲线上标出接收人的位置，并通过第3颗GPS卫星的无线电波进一步缩小范围。

GPS卫星只会发射无线电波，为什么能知道我们的位置呢？为了简化问题，我们先在平面上考虑。

假设你接收到2颗GPS卫星的无线电波。如果2颗GPS卫星发射无线电波的时刻相同，那么由于无线电波的前进速度也相同，所以你就位于2颗GPS卫星中间的位置，也就是上图中蓝色直线上的某个点。如果2颗GPS卫星发射无线电波的时刻相差2s，那么我们将相差2s的圆环交点标记出来、连成一条曲线，也就是上图中的红色曲线，你就位于这条曲线上的某个点。

如果能理解这些内容，那就只剩下最后一步了：只要再从1颗新的GPS卫星接收无线电波，画出另一条曲线，那么2条曲线的交点就是你所在的位置。换句话说，如果是在平面上，只要能接收到3颗GPS卫星发射的无线电波，你就能知道自己的位置。

需要4颗GPS卫星，才能通过它们测定位置

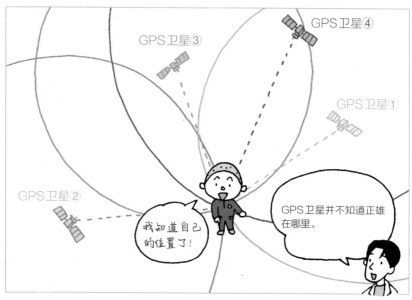

通过4颗GPS卫星确定位置的方法：除了GPS卫星的数量，GPS卫星的方向也很重要。如果GPS卫星都聚在一起，精度就会很低。如果分散在天空中的四处，精度会更高一些。

上一页讨论的是平面（二维）的情况，实际上我们的世界是三维的，但原理和二维一样，只不过画的不是圆，而是球面，还需要加上一个高度信息，所以需要4颗GPS卫星。也就是说，只要能获得4颗GPS卫星的无线电波，你的手机就能算出你的位置。

当然，实际情况要稍微复杂一点。当GPS卫星在地球周围的等离子体中前进时，无线电波的速度和方向都会有所变化。此外，GPS卫星自身的位置信息也会有偏差。这些都会导致计算出的位置出现误差，所以在实际应用中，会使用4颗以上GPS卫星的无线电波，计算出更为准确的位置。换句话说，能接收到越多颗GPS卫星的无线电波，计算出的位置就越准确。

飞在日本上空的4颗准天顶卫星"引路号"

GPS卫星虽然方便，但是存在两个问题。一个问题是在日本某些地区使用GPS很难，比如在大草原上，手机等设备很容易接收GPS卫星发射的无线电波，但在高楼里和山峦密布的地方，手机等设备就很难接收足够多颗GPS卫星发射的无线电波。另一个问题是，GPS是美国的所有物，这种日常生活不可或缺的设备，依靠他国总是危险的。

为了解决这些问题，日本开始建设准天顶卫星导航系统"引路号"。这些卫星采用的是能在日本上空长时间停留的卫星轨道，也就是与地球旋转相配合的特殊轨道（准天顶轨道）。2023年，"引路号"卫星导航系统有4颗卫星。

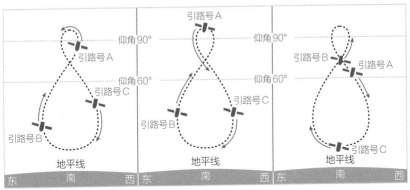

在东京附近观测的"引路号"：从地面上看，轨道呈现南面膨大的8字形，3颗卫星以8h的间隔沿轨道飞行，基本上可以保证随时有1颗卫星在东京正上方飞行。

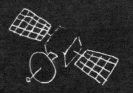

第3小时

人造卫星的基本要素

气象预报也好、卫星导航系统也好，在太空中飞行的人造卫星正在以各种方式造福人类。那些人造卫星要完成自己的职责，有4个基本要素。在这里，我们来仔细看看第2小时列举的"通信天线""温度控制""太阳能发电""姿态控制"这4点。

有很多基本要素啊。

怎样才能掌握人造卫星的位置和速度

在第2小时中我们简单提及了"太空飞行器的4个基本要素"，这里更细致地讲解一下。获取位置和速度是太空飞行器飞行的基础，不要说在遥远的深空飞行的探测器，就连在地球周围飞行的人造卫星，也不可能像遥控模型那样直接用肉眼就能确定位置。解决这个问题的关键是无线电波，也就是太空飞行器平稳运行的第1个基本要素——通信天线。GPS卫星会利用无线电波计算位置，而在地球上空低轨道飞行的人造卫星，也能做同样的事。此外，GPS卫星在确定自身位置时，会利用地面基地发射的无线电波进行同样的计算。

但是比GPS卫星更远的人造卫星，还有远离地球前往深空的探测器，又是怎么确定自身位置和速度的呢？它们用的还是无线电波。地面上的天线向探测器发射无线电波，探测器接收到无线电波后立刻回复，通过发射和接收到无线电波之间的时间差来计算出地面天线和探测器之间的距离。

另外，以某一速度飞行的探测器发射的无线电波被地面接收到的时候，频率会有变化。这叫作多普勒效应，和急救车经过时的声音高低变化原理相同。根据多普勒效应，就能知道探测器向远方飞行的速度。不过单靠这种方法，无法掌握探测器的横向运动情况，所以还要利用探测器和地球的相对运动的情况，反复测定，推算出探测器所在的位置和速度。

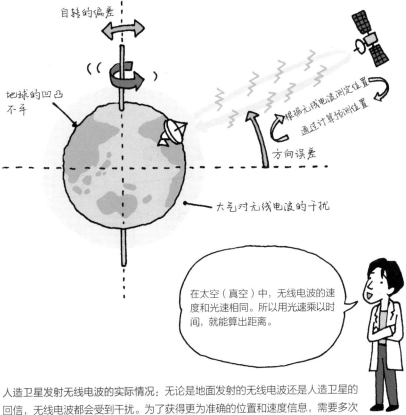

人造卫星发射无线电波的实际情况：无论是地面发射的无线电波还是人造卫星的回信，无线电波都会受到干扰。为了获得更为准确的位置和速度信息，需要多次测定。

人造卫星的温度受哪些因素影响？

接下来我们再看看第2个基本要素——温度控制。有时候我们会看到"太空温度为-270℃，非常寒冷"的描述，但这并不正确。如果把"太空温度为-270℃"和"太空非常寒冷"分开说，那么这两句都是正确的，但如果合成一句话，就未必正确了。我们所感觉到的炎热、寒冷，都是在描述进入身体的热量大小。在太空中，周围几乎什么都没有，所以太空的温度和炎热、寒冷并没有关系。决定炎热、寒冷的，是在第1章第5小时讨论过的热辐射。一是从太阳光接收的热量，二是通过热辐射放出的热量，人造卫星的温度由这两者的平衡决定。

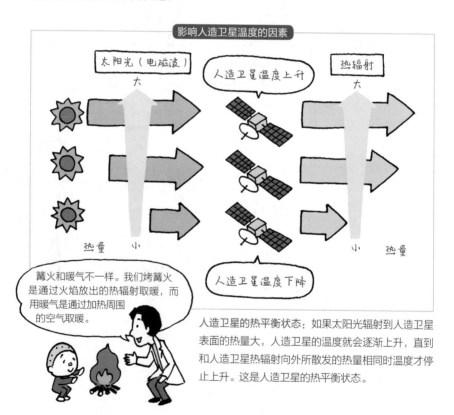

人造卫星的热平衡状态：如果太阳光辐射到人造卫星表面的热量大，人造卫星的温度就会逐渐上升，直到和人造卫星热辐射向外所散发的热量相同时温度才停止上升。这是人造卫星的热平衡状态。

目的地不同，太空飞行器的颜色和材料都会不同

要确保太空飞行器的温度，需要精心调整从太阳光吸热和自身热辐射的平衡。

来自太阳光的热量很容易调整，可以通过改变太空飞行器的颜色来调整。热辐射就没那么简单了，它会随着材料和表面状态变化，但从外观上看不出来。常温物体通过热辐射放出的电磁波叫作红外线，但人类看不到这种红外线。一般而言，金属和光滑表面的热辐射小，塑料和粗糙表面的热辐射大。这些温度的基本特征，也会反映在太空飞行器的颜色上。

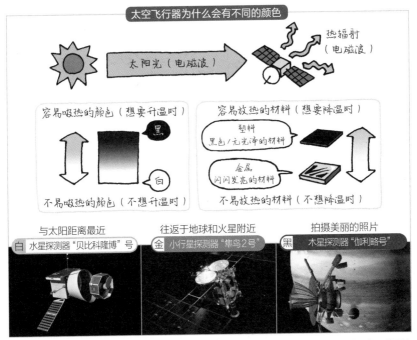

目的地不同，太空飞行器的颜色和材料也会不同：欧洲和日本联合研发的水星探测器"贝比科隆博"号的白色外表是为了尽量不吸收太阳光。美国的木星探测器"伽利略号"刚好相反，所以是黑色的。日本的小行星探测器"隼鸟2号"是居于中间的金色。

能量源来自太阳能电池板和电池

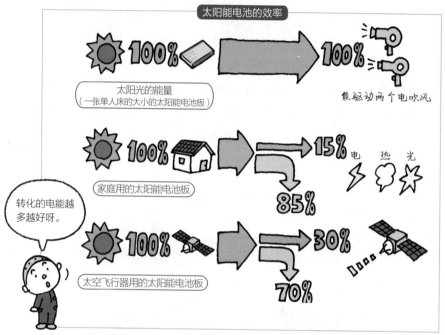

太阳能电池的效率

100% 太阳光的能量
（一张单人床的大小的太阳能电池板）
100% 能驱动两个电吹风

100% 家庭用的太阳能电池板
15% 电 热 光
85%

100% 太空飞行器用的太阳能电池板
30%
70%

转化的电能越多越好呀。

重视性能：家庭用的太阳能电池板，虽然人们也重视其性能，但更重视成本，以及长期抵抗雨水风雪的耐用性。但对于太空飞行器上用的太阳电池板来说，人们更重视其性能，不太在乎成本。

太空飞行器的第3个基本要素是太阳能发电。这里用的是和地面上一样的太阳能电池板。太阳能电池板转化的电能储存到电池中供飞行器使用。

不过，和地面上的太阳能电池板相比，太空飞行器用的太阳能电池板价格更高、性能更好。在房顶上安装的太阳能电池板，最多只能将15%的太阳光能量转化成电能，而太空飞行器用的太阳能电池板转化效率可以达到30%。太空飞行器的一切操作都依靠电能，太空飞行器具有多大能力取决于它能利用的电能的多少。与从前相比，人造卫星和探测器性能提升的原因之一，就是太阳能电池板转化效率提高了。

太空飞行器的姿态是生命线

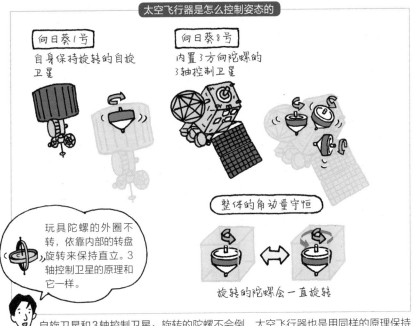

自旋卫星和3轴控制卫星：旋转的陀螺不会倒，太空飞行器也是用同样的原理保持或改变自身的姿态。这些陀螺通过电机驱动旋转。

　　太空飞行器的第4个基本要素是姿态控制。用太阳能电池板充电，以及将无线电波发往特定的方位、与地球通信，都需要调整太空飞行器的姿态。这是太空飞行器的生命线。但由于太空飞行器周围什么都没有，要维持或改变姿态，不是容易的事。

　　在过去，太空飞行器采用的是旋转方法。早期的太空飞行器根据陀螺不会倒的原理，让本体保持旋转，以此维持自身的姿态。至于如何旋转起来，还有如何在旋转过程中进行调整，都会用到小型的火箭发动机。近年来，太空飞行器通常采用3轴控制的方法。这种方法不需要太空飞行器自身旋转，而是内部搭载了旋转的陀螺。它利用的是太空飞行器整体角动量守恒的性质，通过改变陀螺的角速度来改变方向。

电力推进了不起，
全电力卫星也了不起！

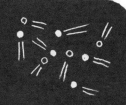

地球上有电动汽车。实际上，太空中也兴起了全电力化的浪潮。特别是航天领域需求最大的静止卫星，如通信卫星等，开始出现了使用"电力推进"的小型化潮流，这也是"隼鸟号"采用的技术。

为什么用电呢？

太空飞行器也需要火箭发动机

运载火箭只能把太空飞行器送到地球附近的轨道上，接下来就要靠太空飞行器自己搭载的发动机了。我们来看看航天领域非常成功的静止卫星。

静止卫星是指在赤道上方约36 000km的圆形轨道上飞行的人造卫星，飞行周期与地球的自转周期同步。从地球表面上看，静止卫星就像是静止不动的，很适合用于通信等领域。静止卫星要进入地球静止轨道，需要由运载火箭将其先送入下页图中的椭圆轨道（黄色），接下来要进入地球静止轨道，就需要用火箭发动机加速。这个过程需要的速度增加量约为1.5km/s，虽然小于发射时所需的10km/s，但也相当大了。

在飞行中频繁改变轨道的人造卫星

火箭发动机会频繁喷射，来帮助人造卫星调整轨道。例如，静止卫星虽然会与地球自转同步，在赤道上空持续飞行，但还是会受到月球、太阳及其他行星的微弱重力影响，这导致静止卫星会逐渐偏离轨道，从地面上看，静止卫星就像是在上下抖动。为了防止这些偏离，静止卫星在抵达地球静止轨道后，还是会用火箭发动机频繁喷射，维持轨道。

空间站和第1小时中提到的"燕子号"，都是在地球附近飞行的人造卫星，它们受到稀薄大气的影响，飞行高度会缓慢下降。为了避免这个问题，也会用火箭发动机来保持高度。

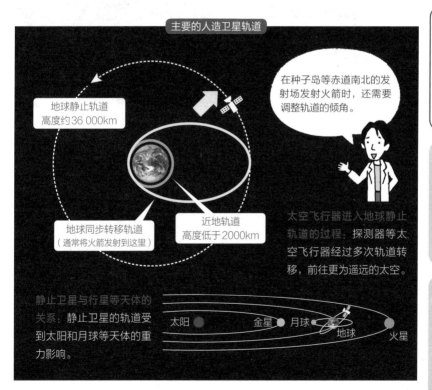

主要的人造卫星轨道

在种子岛等赤道南北的发射场发射火箭前，还需要调整轨道的倾角。

地球静止轨道
高度约36 000km

地球同步转移轨道
（通常将火箭发射到这里）

近地轨道
高度低于2000km

太空飞行器进入地球静止轨道的过程：探测器等太空飞行器经过多次轨道转移，前往更为遥远的太空。

静止卫星与行星等天体的关系：静止卫星的轨道受到太阳和月球等天体的重力影响。

太阳　　金星　月球　　地球　　火星

用电力喷射物体的"电力推进"

"隼鸟号"的离子发动机

就是这个！

发出蓝白光芒的部分就是"隼鸟号"的离子发动机。

"隼鸟号"的离子发动机：这是笔者参与应用设计的"隼鸟号"离子发动机。右侧两张照片是在不同试验场景拍摄的。

　　进入太空以后，火箭发动机也没那么容易给太空飞行器加速。因为巨型运载火箭费了好大的力气才能把一点点质量送入太空，所以太空飞行器的质量不能太大。实际上，静止卫星要进行轨道迁移，还要在工作期间维持轨道，需要的速度增加量约为2.0km/s。如果用化学推进火箭（见本书第60页）来完成这一切，那么太空飞行器的一半质量都要换成推进剂。

　　所以这里登场的是以离子发动机为代表的电力推进火箭。提高喷气速度，加速效率就会上升。电力推进是把太阳能电池板产生的电能转换成推进剂的动能。只要确定把多少能量交给推进剂，就能自由调节排气速度。这种电力推进火箭的喷气速度可以达到化学推进火箭的10倍。

将产生的等离子体喷射出去，以此推进自身

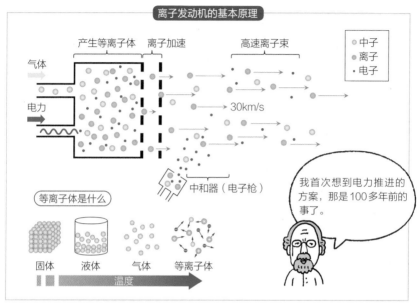

扔出离子，留下电子：将等离子体中的离子（质子）喷射出去就会剩下电子。这些电子通过导线，从其他出口（中和器）排到外面。

　　我们以离子发动机为例，看看电力推进的原理。构成物质的是原子，原子内部有带正电的原子核与带负电的电子，两者相互抵消。如果从气体原子中拽出一个电子，剩下失去电子的原子便带上了正电，这被称为"离子"，于是在气体中，普通的原子、离子和电子交织在一起，成为等离子状态。给这种等离子气体施加电力，离子或电子就会获得很高的速度。在离子发动机中，首先用气体和电能产生出等离子体，然后再给适合喷射的离子施加电能，使它们加速排出。

全电力卫星的新潮流

　　静止卫星使用电力推进有什么好处呢？如果使用化学推进，那么为了轨道迁移和轨道维持，需要带的推进剂的质量约占静止卫星整体质量的一半。而如果需要实现喷气速度为30km/s的电力推进，设备和推进剂再加上电力推进所必需的装置，合计质量只有静止卫星整体质量的10%左右。

　　为了简化问题，我们就当作静止卫星质量减少了一半。这就是说，1枚运载火箭可以发射2颗静止卫星。运载火箭的性能（搭载能力）很难翻倍，但只要把静止卫星的质量减半，效果也是一样的。实际上，这样的全电力卫星正在走向实用。

日本"技术试验卫星9号"

目标是降低通信成本：全电力卫星预定于2025年发射，目标是削减商业通信卫星的通信成本，开发新的电力推进方式，并在轨道上进行技术验证。

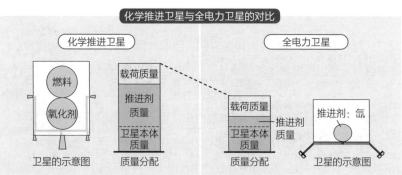

全电力卫星的优势：假设卫星本体质量为2t。如果用传统的化学推进，那么卫星整体质量将达到4t。而使用电力推进的话，卫星整体质量只需要2.2t，运载火箭运输的质量可以减少近一半。（出处：改编自JAXA网站"技术试验卫星9号"）

🚀 更小、更快、更便宜

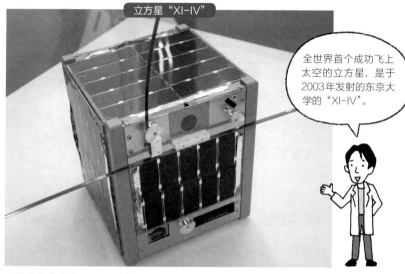

立方星 "XI-IV"

全世界首个成功飞上太空的立方星，是于2003年发射的东京大学的"XI-IV"。

手掌大小的立方星：2003年以来，许多大学和企业向太空发射了立方星。从2013年开始，立方星的发射数量不断增加，进入了实用化时代。（©东京大学）

全电力卫星的优点就在于卫星的轻量化带来的发射费用降低。如果再用上超小型卫星，发射费用还能进一步降低。这也是超小型卫星（见本书第148页）广受关注的原因。

太空探索是非常有吸引力的领域，但需要投入的资金太多。巨型运载火箭动辄100亿日元（约5亿元人民币）的发射费用，一般人根本负担不起。研发火箭需要花费很长时间和很多资金。在这样的情况下，很难培养出从事人造卫星研发的人员，并且也很难开发出相关的技术。这又导致发射火箭的成本进一步增加，时间进一步延长，形成恶性循环。

立方星又小又轻，质量只有1kg左右，发射费用大幅降低，从而打破了这个恶性循环。虽然牺牲了性能，但可以有更多的人以更高的频率开发人造卫星，能够形成人和技术共同成长的良性循环。

第5小时

想了解月球的知识！
水、岩石、地形

人类登上月球已经有半个多世纪了，曾以为自己很了解仰望天空就能看到的月球，然而，到了21世纪，世界各国通过勘探发现了月球有水和大型洞穴存在的新证据。

月球看起来很干燥？

月球

 目标是既近又远的月球

让我们离开地球，去看看月球这个天体。目前，世界各国的航天机构都以月球为主要探测目标，而在月球之后的目标则是火星。月球探测的核心是水与生命。

月球绕地球一周的时间约为27日，这也是"1个月"的来源。月球的公转周期和自转周期完全一致，所以它永远以一面朝向地球。也就是说，如果没有探测器，我们将完全观测不到月球的背面。自古以来人类就在赏月，但直到20世纪人们才看到它背面的样子，想来还真是有趣。

地球静止轨道
近地轨道

地球到月球的距离：静止卫星和地球之间，可以放下3个地球。而月球和地球之间可以放下30多个地球。可想而知月球离我们有多远。

月球上有水吗？

美国的"阿波罗14号"获得了月球附近空间中存在水的数据。月球上存在水的决定性证据，来自印度"月船-1"探测器（2008年发射）的探测。"月船-1"探测器降落在月球表面，从飞舞的尘埃中检测到冰的存在。同时，该探测器在下降过程中首次检测到水蒸气，还发现月球表面存在水合物，在极地区域尤其多。此外，美国的"LCROSS"（2009年发射）用运载火箭的第二级撞击月球表面，并从喷出的气体内部穿过，检测出其中的5.6%是水。目前，大部分科学家认为月球上存在水。

安装观测设备的航天员："阿波罗14号"检测到了水蒸气。不过那不是在月球表面，而是在靠近月球表面的空中。（©NASA）

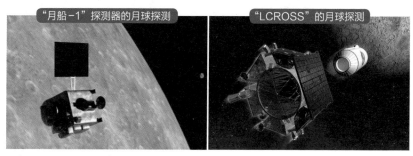

左）确定了月球存在水：印度探测器的名字来源于印度语"月球的船"。（©Doug Ellison）
右）检测到月球的水："LCROSS"和月球勘测轨道器（下文简称"LRO"）共同发射。确定了月球的南极区域存在水。（©NASA）

月球上是否存在水的探测史

对我而言，月球是非常特别的，所以我写了名为《在月球上》的科幻小说。

齐奥尔科夫斯基

1971年美国
"阿波罗14号"

通过在月球表面检测热离子的实验，观测到月球表面附近的水蒸气离子。这个项目还从月球带回超过40kg岩石，近年来也有研究认为月球来自地球。

1998年美国
"月球勘探者"探测器

以更高的精度确认了"克莱门汀"探测器发现的冰。为了在月球上观测水蒸气的产生，尝试撞击月球南极的陨石坑，但没有成功。

1994年美国
"克莱门汀"探测器

在绕月轨道上观测发现，照不到太阳光的月球两极的陨石坑里存在冰。

2007年中国
"嫦娥一号"

通过搭载的CCD相机拍摄了月球表面的3D影像。详细拍摄了被认为存在冰的极地区域。

2005年美国
"深度撞击号"

目标是彗星，掠过月球时也做了观测，获得的数据显示月球存在水。

2009年美国
"LRO""LCROSS"

用第二级火箭和子卫星"LCROSS"撞击月球的南极，在扬起的烟尘中发现了冻结状态的水。

2020年美国、德国
"索菲亚"

通过红外线望远镜"索菲亚"的观测，在月球陨石坑表面检测到水分子，揭示了不仅月球两极存在水，而且月球表面上可能广泛存在水。

2008年印度
"月船-1"探测器

分离出小型的月球表面撞击模块，撞击月球的南极，分析产生的烟尘，获得了月球表面存在水的决定性证据。计算并认为月球两极存在的冰的总质量超过6亿吨。

据说月球上的水都是冰的状态。

在月球上发现了巨大洞穴！

"月亮女神号"月球探测器是日本建造的最大型月球探测器，又称"辉夜姬号"。它与2颗子卫星"老翁""老妇"合计重达3t，搭乘日本生产的H2A火箭于2007年发射上天。"辉夜姬号"搭载了多频带成像仪、磁力计等多种设备，取得了许多成果。其中尤为引人注目的是，地形相机拍摄到位于马利厄斯丘陵的巨大纵孔。人们期待在日后的载人月球探测时，能将它用作躲避宇宙线和陨石的基地。

"辉夜姬号"：2007年发射，在距离月球高度约100km的极地圆形轨道上进行绕月探测。（©JAXA）

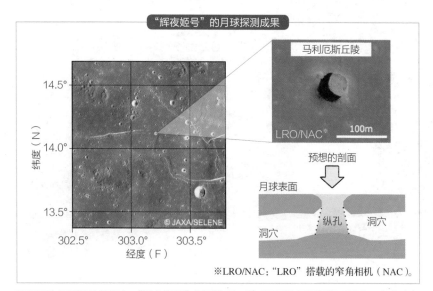

期望用作探测基地的洞穴："辉夜姬号"探测发现，月球正面的马利厄斯丘陵上，存在直径与深度均为50m的纵孔，以及横向延伸约50km的洞穴。

清晰度惊人的影像揭示出月球的身姿

月球的第谷环形山

第谷环形山在这里！

月球表面：第谷环形山位于月球南部，可以看到周围呈放射状分布的白色"光条"。

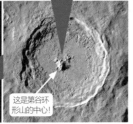

这是第谷环形山的中心！

第谷环形山：圆形直径约85km，深约4850m。

上）"LRO"拍摄的第谷环形山在月球表面的影子：高度约2000m的第谷环形山的中央峰。（©NASA/Goddard/Arizona State University）

2009年由美国的"宇宙神-5"运载火箭发射到月球的"LRO"，目标是验证未来载人月球探测的可能性。"LRO"进入绕月轨道，绘制了详细的月球地图，用于选择未来载人月球探测时的登陆地点。之前介绍的"LCROSS"，则是作为低成本、短周期的探测方案，与"LRO"共同被发射。为此还更换了发射"LRO"的运载火箭。

"LRO"：拍摄了清晰的影像，包括人类留在月球表面的活动痕迹。（©NASA）

电力推进之父

恩斯特·施图林格

　　说到美苏太空探索时代的超级巨星，大家大都会提到韦恩赫尔·冯·布劳恩。他在第二次世界大战期间主导研发纳粹德国V2火箭，战后又是美国阿波罗计划火箭研发的核心人物。和冯·布劳恩一起工作的还有一位，就是这里要介绍的恩斯特·施图林格。在1947年的某一天，冯·布劳恩指示施图林格进行电力推进的研究，不过他不愿意。基于化学反应的火箭在第二次世界大战中崭露头角，在随后的太空探索中也成为主角。相比之下，电力推进在当时无声无息，所以进行电力推进研究可能给了他一种变相降职的感觉。确实，即使是推崇电力推进的我，在当时的情况下估计也会选择化学推进……但冯·布劳恩鼓励施图林格，"如果某一天，电力推进火箭飞向火星，我一点也不会吃惊"。12年后，施图林格基于研究内容，撰写了《面向太空飞行的离子推进》一书，这本书成为电力推进的经典教材，而施图林格也成为公认的电力推进先驱。此外，电力推进火

恩斯特·施图林格（左）和冯·布劳恩（右）。1957年，在华特·迪士尼工作室讨论电影中出现的飞往火星的核动力飞船。（©NASA）

箭协会的最高荣誉，也以他的名字命名为"施图林格奖"。不过即便如此，还是冯·布劳恩更为出名。但如果利用电力推进火箭前往火星的日子真的来临，施图林格的地位应该会再次提高。

第4章

我们能在太空中飞多远？

　　距离人类首次登上月球，已经过去半个多世纪了。以月球为基地的新太空探索计划正在启动。人们期望用月球作"港口"，前往更为遥远的太空。此外，基于超小型卫星的深空探测也在步入正轨。让这些探测成为现实的，既有"重力助推"航线的作用，也有小型离子发动机等新技术的贡献。在本章中，我们将介绍涉及生命之谜的深空探测。

想去比月球更远的地方！

兴奋激动

从月球飞向更远的太空

距离人类首次登陆月球已经过去了半个世纪，如今人们的目光再一次集中到月球上。当年，登陆月球是人类探索太空的最大目标，而近年来的目标则是开发月球的资源。此外，人们也期待将月球作为"港口"，前往更为遥远的深空※。

※深空：距离地球 2 000 000km 以上的太空空间。月球到地球的距离约为 384 000km。在附近的行星中，水星到地球的距离约为 1.5亿km，火星到地球的距离约为 2.3亿km。

为什么从月球出发？

 ## 熟悉又陌生的月球

如果把地球比作篮球，那么月球就像棒球。把这个篮球放在 3.05m 高的篮球筐上，棒球放在 6.75m 远的三分线上，刚好就是地球和月球的相对位置。另外，月球虽然受到地球重力的束缚，但月球上的物体受到的来自地球的重力不到物体在地球表面上所受重力的 1/200。

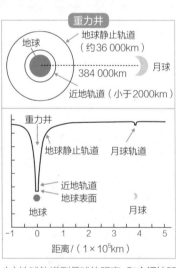

上）地球轨道到月球的距离；和空间站所在的近地轨道及气象卫星所在的地球静止轨道相比，月球距离地球远得多。

下）势能的分布：如果把重力作用看作水井，那么地球表面就是最深的井底。

月球是前往遥远太空的"港口"

　　看似很近、其实很远的月球，可以当作前往深空的港口。这个想法深入人心。迄今为止，空间站是太空的象征，但它们的高度只有400km左右。从太空看地球，空间站就像紧贴着地球一样。人类要飞向辽阔的太阳系，下一步就是要建造环绕月球的空间站，这是新的潮流。

　　不过，要去太阳系的其他行星，比如去火星的时候，先去月球会造成能量损耗。那为什么人们还会如此关注月球轨道上的空间站呢？

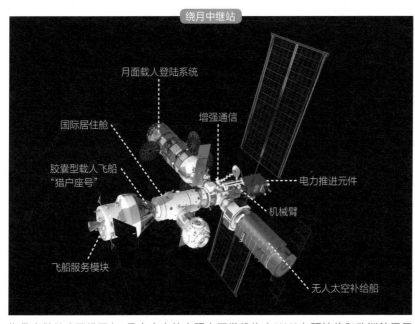

绕月中继站（预想图）：日本宇宙航空研究开发机构（JAXA）预计将和欧洲航天局（ESA）共同开发国际居住舱"I-Hab"，其将搭载环境控制与生命维持系统及相机等组件。

支持月球探测的中继站

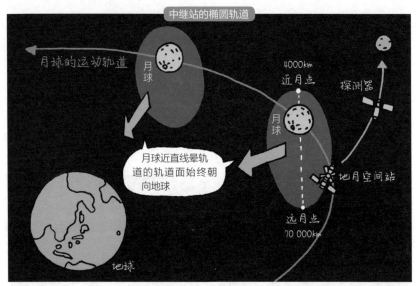

月球近直线晕轨道的特性：能够保持和地球的通信，把物品输送到此轨道的成本比输送到近月轨道的成本更低，此轨道也很适合用作探测月球南极的通信中继站。（出处：基于JAXA的网站改编）

  关注月球轨道空间站的原因之一，是它可以当作探索太阳系中更遥远天体的中继站。它在地球旁边，几天时间就能返回地球，而探索太阳系中更遥远天体的时间是以年为单位的。没有地球磁场的保护，宇宙线是载人航天的巨大的危险因素。人类虽然通过空间站积累了丰富经验，但在其他星球上的着陆经验和发射火箭的经验都很少，需要多加练习。

  另一个原因是未来的月球资源利用。从地球出发需要巨型火箭，而且地球位于重力井的底部（见本书第110页），要向太空运输货物，效率很低。如果能以摆脱地球重力的月球表面作为起点，就可以改变这个状况。用月球的矿物资源制造飞船，再用月球的水电离产生的氢和氧作推进剂，从月球上获取这些资源远比从地球运输划算。

用3D打印机建造月球表面建筑

月球表面基地的想象图

利用月球资源：设想直接利用粉碎的月球岩石，远程操控3D打印机等设备建造建筑和制造设备。

　　月球的大部分岩石，和地球上的岩石很相似，都包括氧、铁、镁、铝、硅、钛等元素。不过，它们都是相互结合在一起的状态，需要相当大的太空工厂才能将其分离。在这里，备受期待的技术之一是3D打印。它不是像在地球上那样把元素分离出来再制造材料，而是粉碎岩石，直接利用。3D打印还有一个优势。在地球上的工厂里，汽车零件、建筑材料、飞船的燃料罐等，都是由不同设备制造的。但要在月球上制造出和地球一样的设备，花费的时间太长。3D打印的生产速度虽然不快，但一台设备就能制造出各种形状的物品，很适合建设太空基地和太空工厂。

在拉格朗日点建造太空工厂！

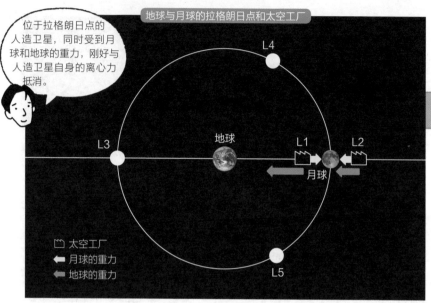

拉格朗日点（Lagrangian point）：在地月系统中，共有5个拉格朗日点（L1~L5）。在拉格朗日点，人造卫星所受到的地球和月球的重力与其所受到的离心力相抵消。

人们还设想利用月球资源，在太空中"制造飞船"。

在太空中生产东西，肯定和在地面上生产完全不同。在摆脱了重力和空气阻力的情况下，一定能诞生出前所未有的飞船。

太空工厂可以建在哪里呢？地球和月球都要向太空工厂运送物资，所以最好能建在两者都很方便前往的地点。这种理想的地点，就是科幻小说中时常出现的拉格朗日点。这5个点能在绕地球旋转的同时，保持自身与地球和月球之间的位置关系不变，分别被命名为L1~L5，其中最常用到的是地月之间的L1和月球背面的L2。不管是从地球出发访问这两个点，还是从月球出发访问这两个点，都很方便。

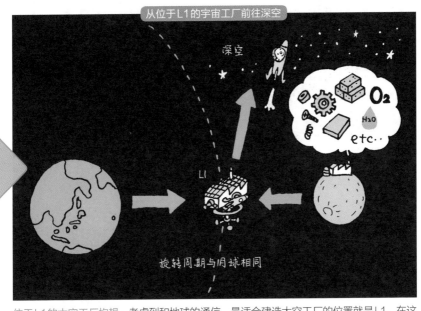

位于L1的太空工厂构想：考虑到和地球的通信，最适合建造太空工厂的位置就是L1。在这里，也可以展开相当大的太阳能电池板。

从地球运送人员、食物、精密设备，从月球运送建筑材料和推进剂，在位于拉格朗日点的太空工厂里，组装出不受重力和空气阻力影响的飞船，前往太阳系。那将是令人热血沸腾的未来。

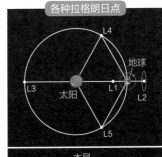

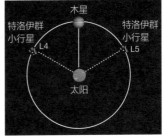

上）太阳和地球的拉格朗日点：下一代詹姆斯·韦布空间望远镜（见本书第27页）计划部署在L2。
下）太阳和木星的拉格朗日点：特洛伊群小行星位于L4和L5附近。

用离子发动机飞向小行星

小行星在"隼鸟号"和"隼鸟2号"的探测中逐渐为人所知。探测比月球遥远的行星是非常困难的任务，但为了解开地球诞生的秘密，人们不断寻求突破。探测小行星的强大战友，就是"离子发动机"这种依靠电力推进的发动机。

去小行星很难吗？

前往深空的小行星带

以月球为港口飞向太阳系，第一个目标应该是谁呢？地球的邻近行星，金星、水星都是很好的目标。不过更加合适而且也很有趣的目标是小行星。这些小行星中，小的直径不足百米，大的直径足有数百千米，总量有几百万颗。

最著名的小行星群，是位于火星和木星之间的小行星带。这是一片小行星汇集的区域。不过，太阳系非常辽阔，如果随随便便朝小行星带出发，遇到小行星的概率几乎为零。

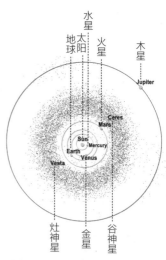

小行星带的位置：位于火星和木星之间。NASA的"曙光号"探测器，成功探测了小行星灶神星和矮行星谷神星。

其实，最初的目标是不属于小行星带的"阿波罗型小行星"。这些小行星中，有的会飞到距离地球很近的地方，把它们当作目标，要比前往金星或者火星容易很多。而且以小行星为目标还有一个优势：在降落的时候，如果是火星等重力大的行星，太空飞行器很难克服重力慢慢下降；而在重力较小的小行星上，太空飞行器缓慢下降相对比较容易。

不过，去小行星能做什么呢？单看照片，感觉小行星就像是一块大石头，和充满大气与云层的行星相比，似乎没什么有趣的地方。其实，"没有大气"正是小行星最大的魅力所在。正因为小行星上没有大气，也没有地壳活动，所以有可能至今都保留着太阳系诞生之初的记录。小行星是太阳系的时间胶囊。

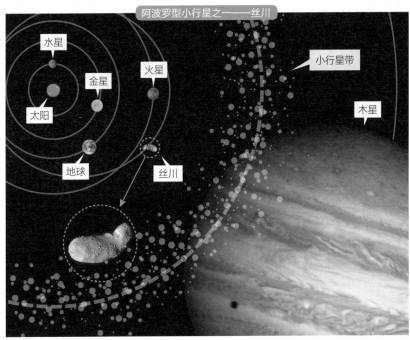

"隼鸟号"到达的小行星丝川：丝川不属于小行星带，长径超过500m，是有可能撞击地球的危险小行星之一。

全世界首次成功对小行星采样的"隼鸟号"

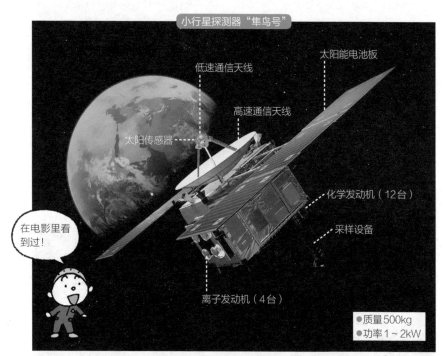

小行星探测器"隼鸟号"

低速通信天线

太阳能电池板

高速通信天线

太阳传感器

化学发动机（12台）

采样设备

在电影里看到过！

离子发动机（4台）

● 质量500kg
● 功率1~2kW

在深空探测中使用离子发动机的案例："隼鸟号"搭载了4台直径为10cm的离子发动机，这4台离子发动机总计完成了40 000h的宇宙航行。

说到探测小行星的探测器，"隼鸟号"和"隼鸟2号"都很有名。我们先来看看"隼鸟号"的模样。它的整体质量是500kg，体积比轻型汽车还小一圈。特别引人注目的是探测器两侧展开的太阳能电池板，在地球附近具有最大2kW的发电功率。上部装有用于高速通信的巨大天线，机体上还有几个低调的低速通信天线。此外还有离子发动机和化学发动机，它们都是用于改变和控制轨道的火箭发动机。探测器下部装有采集小行星岩石的设备。

说到"隼鸟"系列探测器的特点，要来看看"带回"小行星岩石的高难度任务。之前简单介绍过怎么前往小行星，但那只是"怎么去"，至于"去过之后怎么回来"，又是另一个问题了。实际上，以往的太空探测大都是单程的，太空飞行器不会返回地球。请回想一下本书第50页介绍的火箭公式，要提高目标 Δv，所需的推进剂将会大幅增加。所以要实现往返，要携带的推进剂可不只是2倍，而是好几倍。也正因为如此，"隼鸟号"才用上了重力助推（见本书第120页）和离子发动机这2种武器。

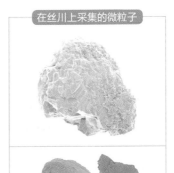

在丝川上采集的微粒子

上）毛发大小的微粒子（宽度约50μm）：它是解读丝川数亿年历史的关键。

下）含水的微粒子（宽度约2μm）：世界首次成功检测到水的小行星样本。（以上均出自©JAXA）

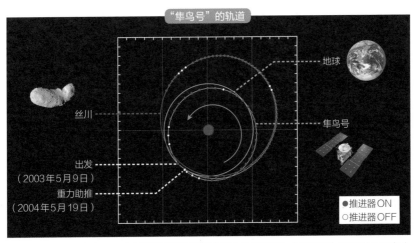

"隼鸟号"的轨道

地球

丝川

隼鸟号

出发
（2003年5月9日）

重力助推
（2004年5月19日）

● 推进器 ON
○ 推进器 OFF

发动机与重力助推共用：用离子发动机和地球的重力助推加速，"隼鸟号"成功进入飞向小行星丝川的椭圆轨道。这是世界上首次验证了该技术的可行性。

"隼鸟号"使用的两大"武器"

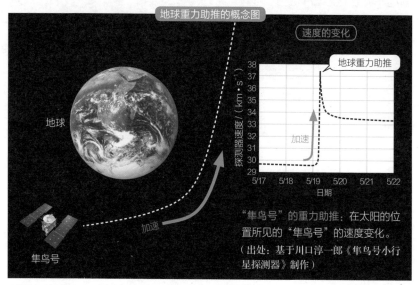

地球重力助推的概念图

速度的变化

地球重力助推

地球

隼鸟号

加速

加速

"隼鸟号"的重力助推：在太阳的位置所见的"隼鸟号"的速度变化。

（出处：基于川口淳一郎《隼鸟号小行星探测器》制作）

利用地球的重力和公转加速："隼鸟号"在与地球相遇的2004年5月19日加速，随后速度降低到33.4km/s，但与重力助推前相比，还是加快了3.8km/s。

　　"隼鸟号"的第1种"武器"——"重力助推"，是利用行星重力给探测器加速的方法。加速的原理稍后解释，它的核心原理是探测器在行星的极近距离上通过时，行星的重力会使探测器的轨道产生很大的弯曲。"隼鸟号"离开地球后，一年的时间里都在距离地球相对比较近的地方飞行。在第119页的轨道图上，与地球轨迹相比略微朝右下偏离的轨迹，就是"隼鸟号"第一年的轨道。然后，当它再次接近地球的时候，便借用地球的重力，大幅改变前进的方向，朝小行星丝川飞去。

　　"隼鸟号"的第2种"武器"——"离子发动机"，是一种电力推进火箭，它以电力为能源。电力推进火箭所产生的速度增加量是燃烧式火箭的10倍。所以它不仅燃料费便宜，而且还能用太阳能电池板持续发电，"隼鸟号"可以长期利用太阳能转换的电能给自己加速。

用离子发动机改变轨道

"隼鸟号"将地球的重力助推和离子发动机组合在一起。离开地球的"隼鸟号"，如果不对其飞行轨道加以调整，它并不能在1年后接近地球。它要用离子发动机不断调整略有偏离的轨道，才能在1年后成功接近地球。在这1年间，离子发动机实现的轨道变换量，最终通过重力助推一口气释放出来。在重力助推之后，"隼鸟号"的轨道才接近丝川的轨道，这时"隼鸟号"再利用离子发动机，成功飞向丝川的轨道（见本书第119页）。

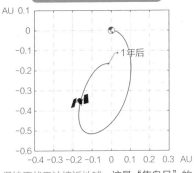

1.不用离子发动机时的轨道

保持原状无法接近地球：这是"隼鸟号"的轨道推测图，图上是相对于太阳和地球的位置。这条轨道无法利用地球的重力助推。

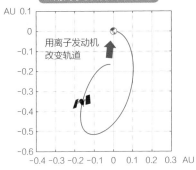

2.用离子发动机改变轨道

希望让"隼鸟号"靠近地球：如果用离子发动机改变轨道，就能利用地球的重力助推。

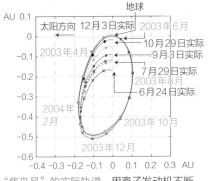

3."隼鸟号"的轨道改变

"隼鸟号"的实际轨道：用离子发动机不断改变轨道，逐步与地球轨道会合的过程。

为了利用地球的重力助推，"隼鸟号"用离子发动机向地球靠近。

想多了解火星的知识

火星是邻近地球的行星，在漫游车的调查中一点点展现出自己的模样。它到地球的距离非常遥远，所以利用太空飞行器对火星进行探测是非常艰巨的任务。要把漫游车送上火星表面，漫游车还需要对抗火星的重力，需要慢慢下降、稳定着陆。

火星是什么样的星球呢？

 ## 火星的环境就像是离地球表面30km处的环境

人们认为，很早以前的火星表面曾经有水，可能还有过生命。火星比地球小一圈，又在比地球大的轨道上慢慢旋转，1年约有687天。它的自转速度和地球差不多，所以火星上1天的长度几乎和地球上的相同。

火星和地球一样，都有大气，但浓度只有地球表面上的百分之一左右。几乎没有大气这层"衣服"保温，距离太阳又比较远，所以它是一颗寒冷的行星，平均气温只有-63℃左右。

这样看来，在火星上生活似乎并不现实，但和邻近地球的金星相比，火星已经很

从火星拍摄的地球和月球（2003年5月8日拍摄）：地球的明亮部分是大陆上空的云，月球下部的明亮部分是第谷环形山。（©NASA/JPL-Caltech/Malin Space Science Systems）

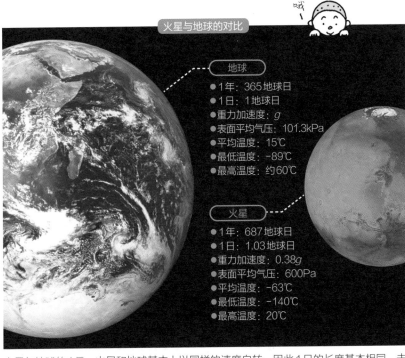

火星与地球的对比

地球
- 1年：365地球日
- 1日：1地球日
- 重力加速度：g
- 表面平均气压：101.3kPa
- 平均温度：15℃
- 最低温度：−89℃
- 最高温度：约60℃

火星
- 1年：687地球日
- 1日：1.03地球日
- 重力加速度：0.38g
- 表面平均气压：600Pa
- 平均温度：−63℃
- 最低温度：−140℃
- 最高温度：20℃

火星与地球的1日：火星和地球基本上以同样的速度自转，因此1日的长度基本相同。未来人类移居火星时，可能不需要改变生活规律。

不错了。金星大小和地球大小相似，也有浓密的大气，但它的大气压约是地球的100倍，表面温度超过400℃，比炸鸡块的油还热。如果是在地球上，那相当于深海几千米热水喷射口附近的环境。与金星相比，火星的环境太舒适了。

和地球相比，火星的大气很稀薄，热量不容易散失在大气中。所以虽然平均温度只有−63℃，但和地球上的寒冷感觉并不相同。

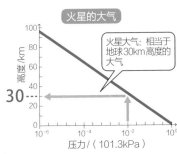

火星的大气

火星大气：相当于地球30km高度的大气

火星大气压是地球大气压的百分之一左右：地球的大气主要由氮气和氧气组成，而火星的大气基本上是由二氧化碳构成的。

🚀 第1步：摆脱地球的重力

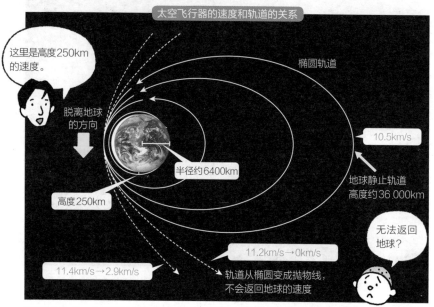

太空飞行器的速度和轨道的关系

这里是高度250km的速度。

脱离地球的方向

椭圆轨道

半径约6400km

高度250km

10.5km/s

地球静止轨道 高度约36 000km

无法返回地球？

11.4km/s→2.9km/s

11.2km/s→0km/s

轨道从椭圆变成抛物线，不会返回地球的速度

用超过11.2km/s的速度摆脱地球的重力：第一宇宙速度是7.9km/s，具有这个速度的物体可以成为人造卫星。第二宇宙速度是11.2km/s，具有这个速度的物体可以摆脱地球的重力。

为了去往火星，首先必须摆脱地球的重力井。请看右图，想象有一个巨大的凹坑，要把小球从它的底部弹出来。如果小球能到达一定的速度，就会在中途绕着这个凹坑转出圆形的轨道（像本书第17页的玻璃球一样）。小球的速度越大，转出的圆形轨道就越大。好像可以飞出这个凹坑又好

地球的"重力井"

从陡峭的斜坡到舒缓的曲面：所有太空飞行器都必须克服的障碍。可同时参考本书第110页的图。

像飞不出去的速度，叫作第二宇宙速度。如果速度再大一点，小球就能借势飞出去，脱离地球。例如，在250km高处，将太空飞行器的速度提升到11.4km/s的话，它就能以2.9km/s的速度离开地球。

第2步：抵达火星

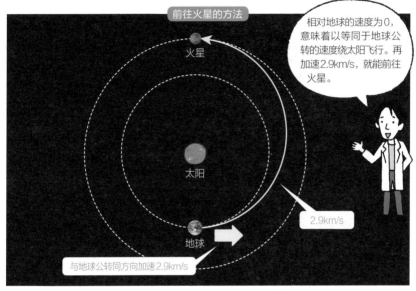

前往火星的方法

相对地球的速度为0，意味着以等同于地球公转的速度绕太阳飞行。再加速2.9km/s，就能前往火星。

火星

太阳

2.9km/s

地球

与地球公转同方向加速2.9km/s

在地球公转的同方向上再快2.9km/s；火星轨道接近于椭圆，所以在不同的时间点，"2.9km/s"的值也会有变化。

挣脱地球的重力以后，让我们再来看看太阳周围。地球以30km/s左右的速度围绕太阳旋转。以某个速度离开地球，意味着真正的速度是地球公转的速度加上离开地球时的速度。加速的方向由前往的地点决定。如果方向和地球一致，探测器就会画出一条比地球的圆形轨道更大的椭圆轨道，绕太阳旋转。如果这时候探测器的速度能再快2.9km/s，它就能抵达火星轨道。

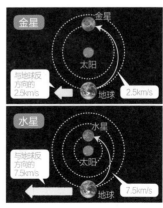

金星

金星

太阳

与地球反方向的2.5km/s

地球

2.5km/s

水星

水星

太阳

与地球反方向的7.5km/s

地球

7.5km/s

上）前往金星：速度方向与地球公转方向相反，沿小的椭圆轨道飞离地球。
下）前往水星：比前往金星的速度更快，朝地球公转的反方向飞行。

第1章 太空真什么样的？

第2章 怎样去太空？

第3章 在太空做什么？

第4章 我们能在太空中飞多远？

第5章 太空和人类的未来

探测方式主要有3种

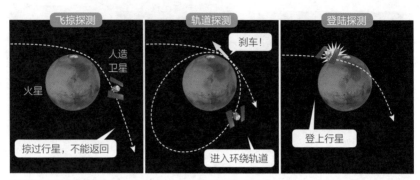

飞掠探测	轨道探测	登陆探测
人造卫星 / 火星 / 掠过行星，不能返回	刹车！ / 进入环绕轨道	登上行星

以摄影为目的的探测方式：这是最简单的探测方式，但要高速通过拍摄点，只有一次机会。

可以反复观测的探测方式：探测器成为目标行星的人造卫星。在飞掠的过程中急刹车。

可以直接观测的方式：探测器登陆到行星表面探测，笔者参与的"隼鸟号"就是此类。

　　当探测器接近火星时，从探测器的角度看，像是火星正在朝自己飞来。这时候，探测器会（从太阳系的尺度看）略微调整自己和火星之间的位置关系，根据调整方式的不同，共有3种探测行星的方式。如果探测器紧贴着火星飞过，仅飞行轨道受火星重力影响而弯曲，探测器会飞离火星不再返回，这种仅此一次的探测叫作"飞掠探测"。第二种方式是"轨道探测"，在经过火星的刹那紧急刹车，让火星的重力捕捉到探测器，这时候探测器会成为火星的人造卫星，可以进行长期反复观测，这样的探测器叫作"轨道器"。

　　探测器也可以调整到刚好触及火星表面的状态，然后依靠大气阻力和逆喷射登陆到火星表面，这种探测方式叫作"登陆探测"，这样的探测器叫作"登陆器"。

　　可以根据调查目标选择探测方法。飞掠探测主要用于拍摄，轨道探测可以长时间观测，登陆探测需在目标行星上放置行星表面漫游车。

在火星上大显身手的漫游车

调查火星岩石的"好奇号"

化学分析相机

100mm 高分辨率相机

导航相机

高速通信天线

机械臂

钻头

使用机械臂、相机、激光探索火星:"好奇号"2012年登陆火星,获得了一些证明火星上可能存在过生命的证据。"好奇号"在2021年"毅力号"登陆后仍然在工作。(©NASA/JPL-Caltech)

登陆火星是非常艰巨的任务。首先,探测器除了和火星之间有速度差,还受到火星重力而加速,会以极高的速度冲入火星大气。在这期间,大气阻力会产生大量热量,探测器需要靠隔热罩保护。闯过高温这一关,探测器用降落伞减速,然后通过火箭发动机的逆喷射进一步减速,实现空中悬停。最后再用吊车把漫游车慢慢降落到火星表面。安全降落之后,漫游车就可以探测火星。

探测器的登陆

探测器"空中吊车"和"好奇号":都是自动运行的设备。登陆需要约7min,而火星和地球之间的通信延迟时间超过10min。(©NASA/JPL-Caltech)

气态巨行星与生命的可能性

木星是太阳系中最大的行星。它的直径约是地球的11倍！这颗巨大的气态行星令人非常好奇，人们还期待能在它的卫星木卫二上发现地外生命。木星的巨大重力带来的"重力助推"具有巨大的威力，也是前往太阳系外的出发点。

这里也能利用重力助推吗？

 太阳系中最大的行星

木星是太阳系中最大的行星，直径约是地球的11倍，内部可以装入1300多个地球。包括木星在内的太阳系外侧行星（外行星）全都是大个子，土星的直径约为地球的10倍，天王星和海王星的直径也都约为地球的4倍。这些外行星还有一个特点，就是距离太阳很远。火星以内的行星（内行星）都位于直径为$5×10^8$km的圆里，而从木星到海王星的这些外行星，散布在直径为$9×10^9$km的圆里。

木星最吸引人目光的地方，是它美丽的大理石纹理。这些纹理是云层流动的结果。其中最为引人注目的是大红斑，一般认为那是类似台风的东西。但这个"台风"的尺寸比地球的直径还大，自从有了详细观测记录以来，它存在了近200年，可能和地球的季节性台风完全不同。此外，美国的木星探测器"朱诺号"拍摄的木星南极照片，也是充满了各种旋涡的奇异影像。

从云层流动的特征来说，木星和地球很像，但最大的区别在于木星没有陆地。就算探测器穿过云层往下降，也落不到地面。土星也是一样。木星和土星都被称为"气态巨行星"，星球的内部只是超高压的液氢和金属氢，最深处可能会有固体的核。它们相当于地球上的地幔和地核，但和地球上的陆地、海洋完全不同。

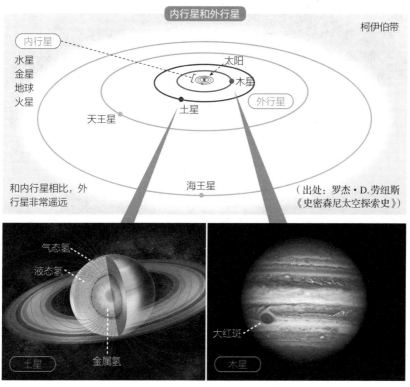

内行星和外行星

内行星
水星
金星
地球
火星

太阳

木星

外行星

土星

天王星

柯伊伯带

和内行星相比，外行星非常遥远

海王星

（出处：罗杰·D.劳纽斯《史密森森太空探索史》）

气态氢
液态氢

土星

金属氢

大红斑

木星

●轨道长半径：9.6AU
●1年：29.5地球年
●1日：0.44地球日
●直径：120 000km

●表面重力加速度：107%g
●上层气压：1.5标准大气压
●平均温度：−140℃

●轨道长半径：5.2AU
●1年：11.9地球年
●1日：0.41地球日
●直径：140 000km

●表面重力加速度：253%g
●上层气压：0.2～2标准大气压
●平均温度：−120℃
（均出自©NASA）

🚀 在木卫二上观察到喷泉

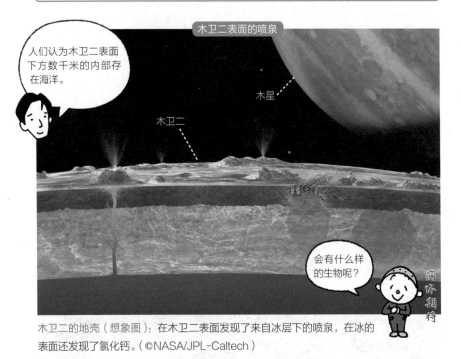

木卫二表面的喷泉

人们认为木卫二表面下方数千米的内部存在海洋。

木星

木卫二

会有什么样的生物呢？

满怀期待

木卫二的地壳（想象图）：在木卫二表面发现了来自冰层下的喷泉，在冰的表面还发现了氯化钙。（©NASA/JPL-Caltech）

近年来，人们开始关注木星的卫星和土星的卫星，特别是木卫二和土卫二。人们认为这些卫星上很有可能存在地外生命。这样推测的原因是这些卫星上存在水。我们说过，月球上也有水，但只在大量岩石中保存着少量水分。而木卫二和土卫二上可能存在海洋，其中可能有生命。不过，海洋不在表面。因为这些卫星距离太阳很远，表面非常冷，水会冻成冰。海洋可能位于这些卫星表面以下几千米深的内部，也就是太阳光照不到的深海般的地方。但正如地球的深海会在热泉附近形成生态系统一样，木卫二和土卫二的深海中可能也会有生命。

🚀 探测外行星非常困难！

美国"朱诺号"探测器

美国"伽利略号"探测器

左）技术人员正在调试的"朱诺号"：搭载高性能太阳能电池板，对于外行星的探测首次摆脱了核电池。（©NASA）

上）最终降入木星的"伽利略号"：因为目标区域的太阳光很少，所以探测器表面被涂成黑色，探测器依靠核能发电。（©NASA）

　　这样的木星和土星探测很有吸引力，也令人印象深刻，但是至今为止人类只做过几次探测。为什么很少呢？因为距离太远，遥远的距离带来两个极大的障碍。第一个障碍是电力。电力是人造卫星和探测器的生命线，通常由太阳能电池板提供。但是，太阳能电池板与太阳的距离太远，它的发电能力就会大幅下降。和地球附近相比，太阳能电池板在木星附近的发电能力急速降低到4%，在土星附近则降低到1%。第二个障碍是飞行所需的加速度太大。如果要采用飞往火星时那种方法前往土星，那么从地球出发时的速度需要达到15.2km/s。这意味着到达近地轨道后还需要加速7.4km/s，那么火箭能运载的东西就太少了。

利用重力助推飞往土星

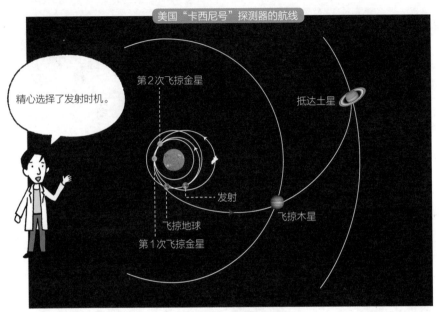

美国"卡西尼号"探测器的航线

精心选择了发射时机。

第2次飞掠金星

抵达土星

发射

飞掠木星

飞掠地球

第1次飞掠金星

飞掠金星是关键：从地球出发，利用金星飞往木星，再由木星飞往土星。这是目前的主流航线。

再对比一下"朱诺号"和"伽利略号"，明显的区别在于有没有太阳能电池板。"伽利略号"不依靠太阳光，而是利用核能发电。核能是克服太阳能障碍的方法之一（见本书第133页），但利用核能也有重重困难，只能说是不得不用。

我们再来看看土星探测器"卡西尼号"。它和"伽利略号"一样，也利用核能发电。此外，观察"卡西尼号"飞往土星的轨道，会发现它不是笔直飞向土星，反而先飞向地球内侧的金星。这是为了利用重力助推（见本书第120页），这是"隼鸟号"也用到的技术。重力助推增加探测器的速度，是克服第二个障碍的方法，可以说它是探测器飞出太阳系的关键。

用核能电池飞向更遥远的太空

"伽利略号"和"卡西尼号"上利用核能发电的设备，就是核能电池。钚238会慢慢放射性衰变成铀234。这种变化叫作"核裂变"，会放出大量能量。核能电池会将这些能量中的一部分转换成热能，再将热能中的一部分转换成电能。核裂变放出的能量中只有很小一部分才会转换成电能，同样的质量下，核能电池的发电能力只有地球附近太阳能电池板的10%。但它不会受太阳光强度的影响，在木星和土星附近能产生比太阳能电池板更多的电力。此外，核能电池还有一个特点是寿命长。由于钚会慢慢衰变，所以核能电池的使用时间是有限的，但要经过88年，输出功率才会降到一半，可以说核能电池非常长寿。

"卡西尼号"探测器

发射前调整："卡西尼号"1997年发射，2004年进入土星轨道，此后直到2017年都在持续探测。（©NASA）

核能电池

"卡西尼号"搭载的核能电池：美国的"旅行者号"和"尤利西斯号"等探测器，也搭载了核能电池。（©NASA）

利用重力助推飞出太阳系

地球到土星的距离，比到木星还遥远。"卡西尼号"探测器发现，土星的光环是由细小冰粒组成的。如果要去往更加遥远的天王星和海王星，甚至要飞出太阳系，那就更要依靠重力助推的方法了。

能去往比土星更远的地方吗？

重力助推的原理

"重力助推"可以说是宇宙探测的必杀技。它的原理和棒球的击球类似。棒球手在准确的位置和时间点击中投球手投出的棒球，将它用力打出去，棒球便会以超过投球手投出的速度，飞向球场外面。在这里，棒球相当于探测器，球棒相当于行星。不同的是，球棒和棒球直接接触，而探测器是受到行星重力的影响弹开的。

第3小时介绍过"飞掠探测"的方法（见本书第126页）。探测器掠过行星附近时，轨道会在行星重力的影响下弯曲。飞掠探测就利用了这个现象。重力助推和飞掠探测的原理相同，只是以观测为目标的时候叫"飞掠探测"，以主动改变轨道为目标的时候叫"重力助推"。为了理解它们的原理，我们来看下页图：图中从左下方飞来的探测器，受到木星重力的影响轨道弯曲，朝左上方飞去。这就像是棒球斜向撞击球棒一样。不过，如果球棒是静

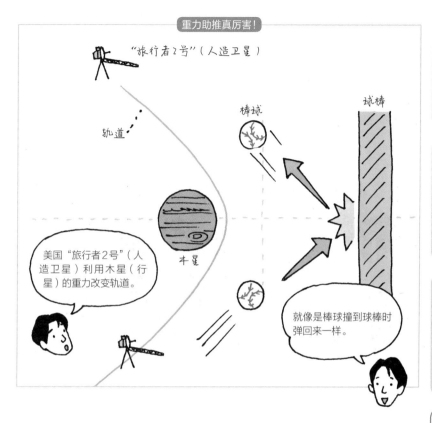

重力助推真厉害！

"旅行者2号"（人造卫星）

轨道

棒球

球棒

美国"旅行者2号"（人造卫星）利用木星（行星）的重力改变轨道。

木星

就像是棒球撞到球棒时弹回来一样。

止的，那么棒球撞上去也不会加速，所以关键在于球棒要运动，这样才能把棒球的运动传给棒球。飞掠探测也好，重力助推也好，都是探测器冲向运动的行星，从行星获得少许能量，给自己加速。

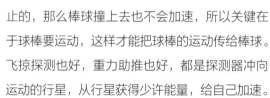

球棒相当于行星，棒球相当于探测器！

"旅行者2号"的轨迹令人惊叹

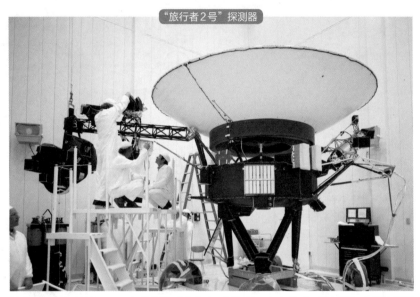
"旅行者2号"探测器

技术人员正在调试：1977年发射的"旅行者2号"是飞出太阳系、进入星际空间的探测器。(©NASA)

　　许多探测器在利用重力助推，美国的"旅行者1号"和"旅行者2号"也都利用了重力助推。"旅行者1号"通过木星和土星的重力助推加速飞出太阳系，是距离太阳最远的人造物体。"旅行者2号"借助连续的重力助推，成功实现了对木星、土星、天王星、海王星这4颗行星的飞掠探测。在这里，我们简单介绍一下"旅行者2号"的重力助推。它首先脱离地球，进入下页图的黄色大椭圆轨道，在它爬升重力井，抵达木星时，速度降到②。这时候从木星上看，"旅行者2号"的速度是11.3km/s（②'）。它通过重力助推改变方向，从木星身上获得13.0km/s的速度，最终达到24.3km/s的速度。这是可以飞出太阳系的速度。

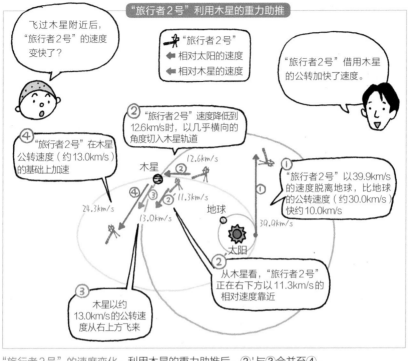

"旅行者2号"的速度变化：利用木星的重力助推后，②'与③合并至④。

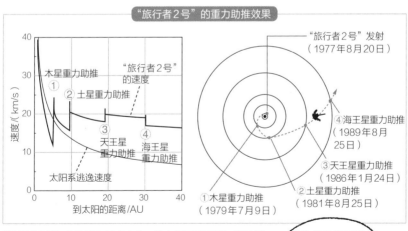

"旅行者2号"的航线与速度变化：从上图可以看到，每次借助行星进行重力助推，"旅行者2号"的速度都会加快（左右两边的序号对应）

每次借助行星进行重力助推时，"旅行者2号"都会对行星做飞掠探测。

第5小时

离开行星轨道，飞向自由的路径

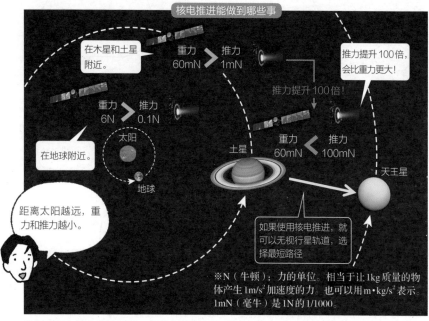

核电推进能做到哪些事

在木星和土星附近。

重力 60mN > 推力 1mN

推力提升100倍，会比重力更大！

推力提升100倍！

重力 6N > 推力 0.1N

在地球附近。

太阳

地球

重力 60mN < 推力 100mN

土星

天王星

距离太阳越远，重力和推力越小。

如果使用核电推进，就可以无视行星轨道，选择最短路径

※N（牛顿）：力的单位。相当于让1kg质量的物体产生1m/s²加速度的力。也可以用m·kg/s²表示。1mN（毫牛）是1N的1/1000。

前行时不必关心行星轨道：来到土星附近时，推力大于太阳的重力，探测器就可以不受太阳重力的影响。

最后我们再来介绍探测器离开太阳系远行的未来技术。那就是重力助推与核能的组合，不过不是前面介绍的核能电池，而是利用连锁反应获取更多电力的核反应堆。也就是说，把核电站带上太空，驱动离子发动机之类的电力推进设备。如果这种核反应堆能够工作几十年，再配合重力助推，探测器便可以用前所未有的速度脱离太阳系。

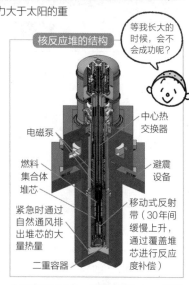

核反应堆的结构

等我长大的时候，会不会成功呢？

中心热交换器

电磁泵

避震设备

燃料集合体堆芯

移动式反射带（30年间缓慢上升，通过覆盖堆芯进行反应度补偿）

紧急时通过自然通风排出堆芯的大量热量

二重容器

小型高速反应堆：堆芯直径为1m，设计目标为30年内无须更换燃料。（©东芝能量系统株式会社）

"朱诺号"探测器拍摄的木星南极

从约52 000km高空看到的木星南极。云层的流动形成了美丽的大理石纹理。各种旋涡组成了极富魅力的图案。(©NASA/JPL-Caltech/SwRI/MSSS/Gabriel Fiset)

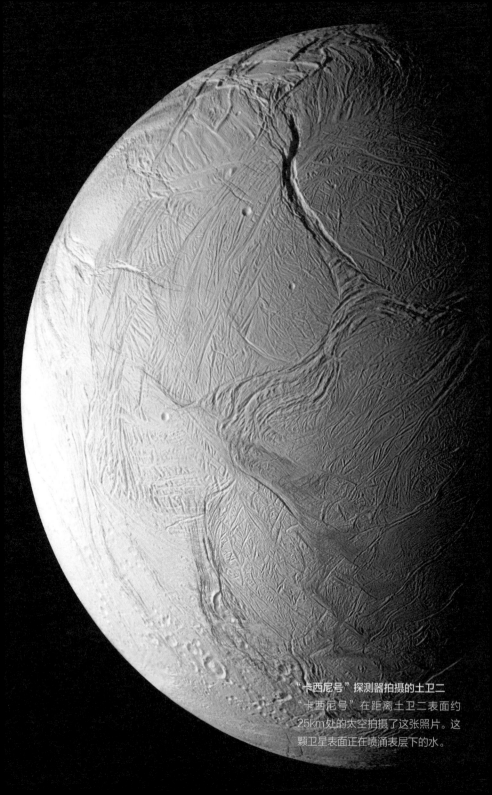

"卡西尼号"探测器拍摄的土卫二

"卡西尼号"在距离土卫二表面约25km处的太空拍摄了这张照片。这颗卫星表面正在喷涌表层下的水。

第**5**章

太空和人类的未来

　　此时此刻，太空中的人类只有10位左右搭乘国际空间站和中国空间站的航天员。但在不久的将来，当人类可以开始太空旅行的时候，访问太空的人数将会大大增加。此外，随着超小型卫星时代的来临，太空探索的趋势也发生了改变。太空探索的各个领域都已经出现了新的参与者。让我们一起来期待"在太空工作"的时代的到来吧！

在太空工作的未来

前面我们已经介绍了人类向月球、火星等远离地球的星球发射了许多人造卫星，未来还会以月球为基地前往更遥远的太空（见本书第111页）。接下来，我们看看人类飞出地球、在太空工作的计划。

我也能去太空工作吗？

上千人生活在太空中的未来

虽然目前在太空中的人类寥寥无几，但我们要想象一下未来上千人生活在太空中的可能性。把这么多人送上太空，需要在太空中建立起独立的经济活动，经济活动的中心很可能是太空旅游。上千人中的一部分人是为了从事旅游相关工作而生活在太空中的。游客入住的是超高级酒店，全世界只有几百人能入住。和现在的空间站相比，超高级酒店在所有方面都要有更加豪华的大规模设备。

未来太空活动的最大困难，是如何从地球表面前往近地轨道。从近地轨道前往月球周边，需要的能量相对较少，可以依靠月球采集的资源（见本书第113页）。也就是说，建造飞船、生产推进剂，都用月球资源。基地可以放在地球静止轨道或者地月拉格朗日点。从地球向基地运送人员、有机物、精密设备，从月球向基地运送水和无机物。在太空中用的东西没必要先在月球上制造、再用火箭发射，可以直接在近地轨道上建造飞船，也可以在

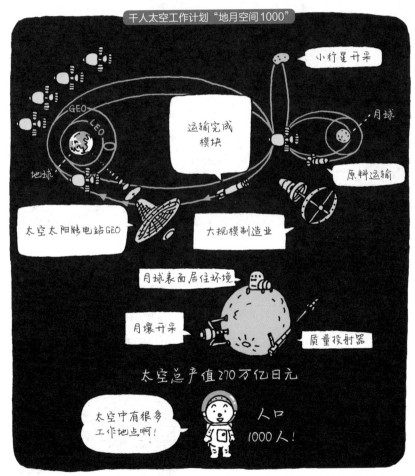

近地轨道上修理飞船。活动规模越大，太空垃圾的问题就越严重，所以还要有太空垃圾回收飞船。诸如此类的轨道间运输越来越多，所以需要建立推进剂补给站，还需要制订太空交通规则。卫星导航系统和通信网络也要覆盖到月球。

千人太空工作计划"地月空间1000"

小行星开采

运输完成模块

月球

原料运输

地球

太空太阳能电站GEO

大规模制造业

月球表面居住环境

月壤开采

质量投射器

太空总产值270万亿日元

太空中有很多工作地点啊！

人口 1000人！

30年后的"太空总产值"将达到270万亿日元（约13万亿元人民币）？计划用30年时间逐步增加在太空中工作的人数。（出处：基于United Launch Alliance资料制作）

期待利用月球水资源的下一代火箭

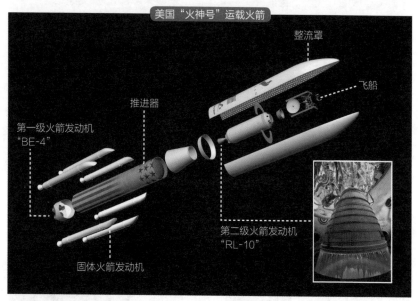

美国"火神号"运载火箭

整流罩

飞船

推进器

第一级火箭发动机
"BE-4"

第二级火箭发动机
"RL-10"

固体火箭发动机

美国的下一代主力火箭：负责开发第二级火箭发动机"RL-10"的是制造航天飞机主发动机的公司。（©ULA、©NASA）

"火神号"运载火箭是计划利用水做推进剂而开发的新型火箭。第一级火箭发动机是"Blue Origin"新开发的"BE-4"，使用甲烷和液氧。第二级火箭发动机是"RL-10"，这种发动机采用基于液氢和液氧的高性能发动机技术，作为未来能够长期保存低温液氢的改进型，计划用在往返于地月间的飞船上。

"BE-4"：（上）燃烧试验的情况；（下）超声速流特有的冲击波，可以看到马赫环。（©Blue Origin）

计划由地球直接飞向火星的新一代飞船

"星际飞船"

全长120m!
能将100t货物
送上近地轨道!

"星际飞船"是飞船，也可用作第二级火箭。

比百米赛道还长？

以载人火星探测为目标的大型宇宙飞船：可以再利用的大型火箭"星舰"试验机。与第一级火箭"超重"全长达120m。（©SpaceX）

在"猎鹰9号"火箭上获得实际成果与再利用技术的SpaceX，下一个目标是超大型火箭"星舰"系统。它由第一级火箭"超重"和第二级火箭"星舰"构成，前者搭载37台大型发动机"猛禽"，后者搭载6台同样的发动机。这艘飞船的目标是载人火星探测，计划从地球直飞火星。它具有将100t重的货物送上近地轨道的能力，也将在月球基地和太空工厂的建设中大显身手。

开发中的大型发动机"猛禽"：利用甲烷和液氧驱动的新型发动机。计划利用在火星上开采的甲烷。（©SpaceX）

145

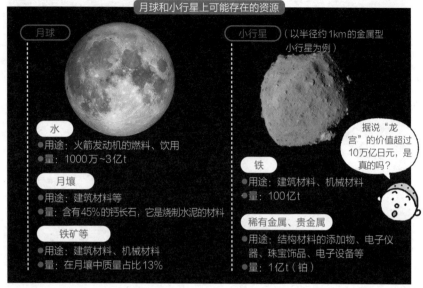

中提取水分，一边根据大小分类，再将其分成能用于3D打印的原料、能用于烧制水泥的原料、能够还原成金属的原料等，用这些原料建造月球表面的建筑。

大部分提取出的水会被分解成氢和氧，用作火箭发动机的推进剂。但氢气的体积只有极低温下才会减小，而且氢气很难储存，容易泄漏，所以提取出的水还是以液态水的形式储存，需要推进剂时再将其电解。除了在月球表面发射所需的推进剂，其他推进剂都应该在近地轨道上电解获得。另外，从月球发射物资时，除了火箭发动机，使用磁轨炮（高速抛射炮弹的设备）也是有效的方法。和地球相比，在月球上抛射磁轨炮所需的速度很小，如果抛射的是物资，那么加速度再大也不成问题。

日本企业也在开发月球表面漫游车。漫游车获得的数据可以出售给各机构。

利用月球资源建设的月球表面建筑

月壤（月球表面的堆积物）应用案例（构想）：为了在月球表面取水，会开采出大量砂石，取水后根据种类和大小将砂石分开，将其用作建设月球表面建筑的材料。（©Contour Crafting and University of Southern California）

手掌上的太空"超小型卫星"

你是不是认为，人类卫星要前往太空，需要巨大的火箭和飞船？其实近些年来，非常小的"超小型卫星"开始出现在太空中。和巨大的人造卫星相比，超小型卫星很容易被发射。

小到我都能拿？

从游戏到研究，从研究到产业

笔者开发的小型发动机：（上）离子发动机与直径2cm的硬币；（下）姿态控制用超小型气体发动机。（©东京大学）

因"隼鸟号"的成功发射而一举成名的离子发动机，我们已经在第3章第4小时介绍过了。应用电力推进的全电力卫星，能够实现轻量化，因而也适用于超小型卫星。所谓超小型卫星，是指不超过100kg的卫星，最小的只有1kg左右。人造卫星越小，发射费用就越低，开发周期也越短，所以便于尝试和挑战，研发人员可以不断通过"有价值的失败"提高技术和能力，这有助于推动人造卫星的研发。

充满商业机遇的领域

　　超小型卫星搭载的离子发动机，也是笔者的研究课题之一。2014年日本"H2A火箭"发射的65kg超小型卫星"Procyon"，这是小型发动机在距离地球数百万千米的太空中首次成功工作。报告这次太空工作的论文，在国际学会上获得了最佳论文奖。不过这项成绩已经是过去式了。2018年NASA的14kg超小型卫星"MarCO"在飞掠火星的轨道调整中使用了气体发动机，不断拓展超小型卫星的可能性。

超小型卫星"Procyon"

它依靠搭载的离子发动机和气体发动机，可以主动调整自身的轨道。

飞向深空，探测小行星（想象图）：东京大学与JAXA合作开发的"Procyon"，作为"隼鸟2号"的小型副卫星，搭乘"H2A火箭"发射。（©NAOJ/ESA/Go Miyazaki）

将立方星组合在一起的"共享火箭"

1U立方星

边长为10cm的立方星：1个单位的立方星是1U，质量约1kg，黑色部分是太阳能电池板。（©NASA）

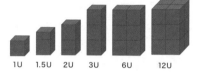

1U　1.5U　2U　3U　6U　12U

立方星的种类：通过尺寸的标准化降低开发成本，也催生了销售成套设备的公司。

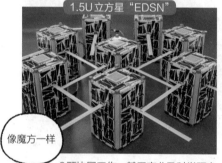

1.5U立方星"EDSN"

像魔方一样

8颗协同工作：基于商业及科学研究的目的，美国在高度400km轨道上投放8颗立方星（任务失败）。

6U立方星"MarCO"

与美国火星探测器"洞察号"联动：2018年抵达火星。这是立方星首次在深空成功工作。（©NASA）

　　在新时代的超小型卫星中，最具代表性的当数边长为10cm的立方体形太空飞行器"立方星"。1个边长为10cm的立方星就是标准化的"1U"立方星。它将规格标准带入原本都是由各企业和研究所自行设计的太空探索领域，堪称划时代的太空飞行器。立方星因其体积小可以降低开发成本，又可以和其他机构的立方星同乘火箭，所以1U立方星可以用几百万日元（约合几十万元人民币）的价格发射。这是大学和一般企业都能负担的价格。顺便说一句，世界首次在太空中成功工作的立方星，是东京大学于2003年发射的"XI-Ⅳ"（见本书第101页）。

使用水推动太空飞行器前往月球背面的拉格朗日点！

超小型探测器"EQUULEUS"

前往月球背面的拉格朗日点：用超小型水电热喷射推进系统"AQUARIUS"调整轨道、控制姿态。（©JAXA、©NASA、©东京大学、笔者制作）

用水推动太空飞行器，你相信吗？我们团队开发的新型发动机，超小型水电热喷射推进系统"AQUARIUS"，通过喷射汽化水获得推进力。搭载6台"AQUARIUS"的超小型探测器"EQUULEUS"，在2022年由NASA的SLS火箭发射，并到达月球。

"AQUARIUS"：将汽化的水加热喷出，调整"EQUULEUS"的轨道和姿态。（东京大学）

笔者成立了初创企业开发这个小小的发动机。详细情况请看下一小时！

151

第3小时

初创企业担负太空探索的未来

目前，我们一方面继续研究超小型发动机，另一方面以更为广阔的应用为目标，成立了初创企业。团队成员都是我的研究室中值得信赖的年轻人。

小泉博士成立了公司？

 和太空联系更加紧密的社会！

前面的介绍展现了超小型卫星的魅力，不过它的应用才刚刚开始，并不成熟。要想让超小型卫星技术更加成熟、让太空变得更近，还需要什么呢？这是一个综合性的问题，不是解决了某一点就能让一切变顺利的。不过我们还是可以列举3个最关键的问题，那就是"质量""通信"和"发动机"。

现在超小型卫星的成功率很低。虽然能够接受风险是一个优势，但如果总是失败，那也是不行的。在保证"低价、快速"的同时，还需要提高超小型卫星的质量。

"发动机"决定了超小型卫星能做什么

　　超小型卫星通过和其他大型卫星、小型卫星共同发射来降低发射费用。但这就像是乘坐车站固定的公交车，无法直接前往自己要去的地方。所以，从"车站"下来以后，超小型卫星还需要使用发动机。就算到了目的地，超小型卫星也会受到大气、月球的重力或太阳的重力等影响，逐渐偏离轨道。修正轨道也需要用到发动机。此外，当超小型卫星任务结束的时候，还需要将它妥善处理，这时候也不能少了发动机。

　　还有，超小型卫星在离开地球、前往月球或其他行星探测的时候，要控制它的飞行速度，这时也需要发动机。以往的超小型卫星没有多余的地方搭载发动机，上述这些事情都做不到，但今后发动机绝对会成为超小型卫星必不可缺的组件。

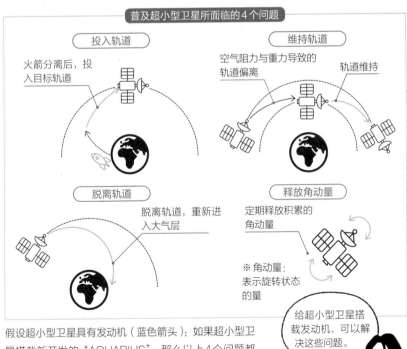

普及超小型卫星所面临的4个问题

投入轨道
火箭分离后，投入目标轨道

维持轨道
空气阻力与重力导致的轨道偏离
轨道维持

脱离轨道
脱离轨道，重新进入大气层

释放角动量
定期释放积累的角动量
※角动量：表示旋转状态的量

假设超小型卫星具有发动机（蓝色箭头）；如果超小型卫星搭载新开发的"AQUARIUS"，那么以上4个问题都可以得到解决。这些问题的解决，将大大拓展超小型卫星的应用范围。（©Pale Blue）

给超小型卫星搭载发动机，可以解决这些问题。

第3小时

小小的发动机将会创造美好的未来

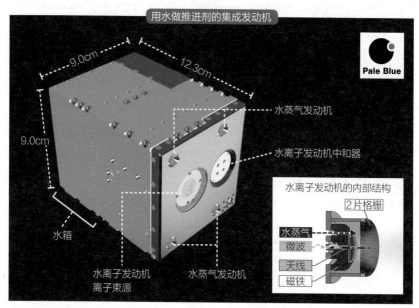

用水做推进剂的集成发动机

Pale Blue

水蒸气发动机

水离子发动机中和器

水离子发动机的内部结构
2片格栅
水蒸气
微波
天线
磁铁

水箱

水离子发动机
离子束源

水蒸气发动机

小型集成发动机的3D CAD图：JAXA计划安装在"革命性卫星技术验证3号机"上的水蒸气发动机与水离子发动机的集成发动机。右下图是水离子发动机的内部结构。（©Pale Blue）

　　太空飞行器不能缺少发动机。包括我的研究室在内，很多大学已经展示了发动机研究和开发的可能性，但不足以满足未来大量的发动机需求。因此，我和共同进行研发发动机的学生们一起，于2020年创立了开发销售小型发动机的初创企业"Pale Blue"。本企业通过JAXA的太空验证程序，于2022年在太空中验证组合了水蒸气发动机和水离子发动机的集成发动机的成功运行。

搭载水蒸气发动机的超小型卫星"AQT-D"：2019年11月20日，由国际空间站投放。（©Pale Blue）

这么小，好厉害！

以世界首创的技术，在太空中大显身手

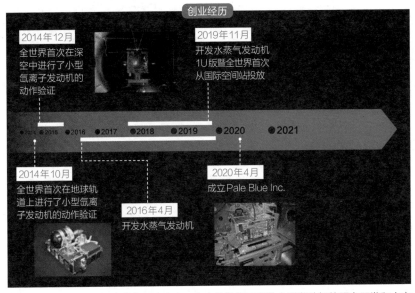

世界公认的成绩：包括大学的研究在内，本企业进行了多种小型发动机的研究开发和太空验证，在这个领域处于较领先的地位。（©Pale Blue）

"Pale Blue"虽然是成立不久的企业，但已经启动了多个太空项目，人员数量和实施规模都在飞速增长。

在航天领域工作，真的很有趣！

初创企业"Pale Blue"的创业团队：左起依次为中川悠一、柳沼和也、浅川纯（CEO）、笔者小泉博士。（©Pale Blue）

航天画册

国际空间站投放的立方星

立方星原本是给学生积累经验的低成本超小型卫星,如今正在飞速占领太空探索的第一线。立方星的商业应用正在蓬勃发展。(©NASA)

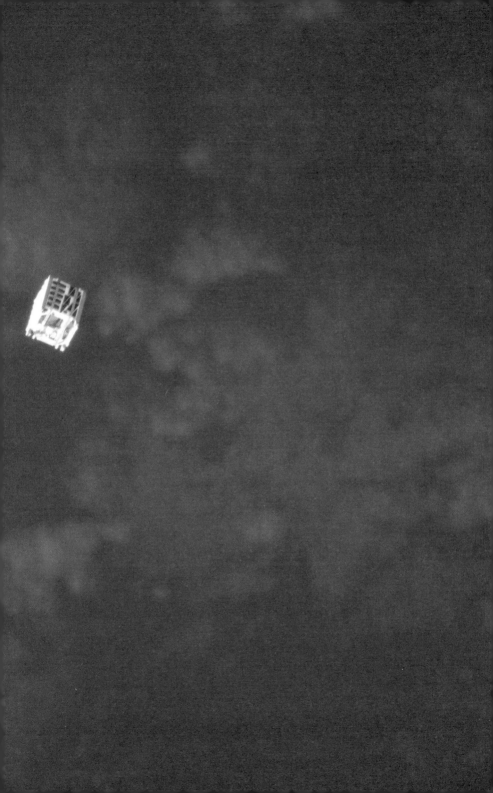

结束语

　　能够完成自己的第二本书，我感慨颇多。单靠我一个人的力量是做不到的，如果没有畠山编辑，本书只会是空中楼阁。畠山编辑组建了强有力的团队，完成了从本书核心内容的确定到挑选照片等事务，我才得以专心执笔写作。能够完成这本书，我非常欣慰。

　　在收集写作的参考资料时，我切身感受到时代的飞速变化。SpaceX依然活跃，但初创企业的风采和其他行业的参与，也让我吃惊不已。尤其是在我周围，取得博士学位的学生们创立了Pale Blue公司，这是巨大的变化。我在大学推进的团队建设和项目开发，仿佛都在以10倍的速度前进。研究室的工作人员和学生们也在快速进步，让我感觉到某种稳定的同时，甚至令我产生一丝不安，怀疑自己的职责是不是只剩下喝酒聊天、讨论毕业去向。他们如此踏实可靠的成长，正是我能完成本书的最大因素。看来还是要像前作一样，每次加印都要请他们喝酒才行。

　　送给孩子们的前作《我们能抵达太空的哪里》，他们到现在都没翻开过。反倒是图像丰富的本书，孩子们早早看了起来，热爱太空的妻子也很喜欢这本书，为我的家庭和睦做出一份贡献。我愿将本书献给一直温柔守护我的妻子。

参考文献

【日语文献】

● 小泉宏之『宇宙はどこまで行けるか：ロケットエンジンの実力と未来』（中公新書、2018年）

● 的川泰宣『宇宙飛行の父 ツィオルコフスキー：人類が宇宙へ行くまで』（勉誠出版、2017年）

● フィリップ・セゲラ（2009年）『宇宙探査機』（川口淳一郎監修、吉田恒雄訳、飛鳥新社、2013年）

● ロジャー・D・ローニアス（2018年）『宇宙探査の歴史』（柴田浩一訳、2020年）

● 『ビジュアル大図鑑 宇宙探査の基本がわかる本』（エイ出版社、2020年）

【英语文献】

● Ernst Stuhlinger, Ion Propulsion for Space Flight, McGraw-Hill, 1964.

● E. Y. Choueiri, A Critical History of Electric Propulsion: The First 50 Years (1906-1956), *Journal of Propulsion and Power*, Vol. 20, No. 2, 2004.

● George P. Sutton, History of Liquid Propellant Rocket Engines, AIAA, 2005.

【网络文献】

● 「スペースX ファルコン9」

● 「みちびき（準天頂衛星システム）」

● 「宙畑 SORABATAKE」

● NASA selects Axiom Space to build commercial space station module, *SpaceNews*, 28 January, 2020.

● With Block 5, SpaceX to increase launch cadence and lower prices.

● SPACEX: ELON MUSK BREAKS DOWN THE COST OF REUSABLE ROCKETS, Inverse.

此外还参考了诸多论文、图书、网站。